发酵中国

云南 贵州

马俊丽
刘新征
著

中国轻工业出版社

前言　　　　发酵，塑造着地方

2022年4月，我们出版了《不可思议的发酵酿造》，去了一些城市举办新书分享活动。每到一个城市我都会习惯性地问大家"你们家乡特色的发酵食物是什么？""你喜欢什么发酵食物？"原本是随意的问题，也以为会得到轻松的回答，但结果却并非如此。对面的朋友常常会陷入沉思，然后纠结于除了酱油、醋这些调味料，到底哪些是具体的发酵食物。多次遇到这样的场景之后，我发现大家其实并不如想象那般了解身边的发酵食物，或许正是因为它过于平常，让人们常常忽略它的存在。

正是缘于那段经历，不断地行走与交流，这本书的主题在2022年的年底初步形成。后来又经过一段时间的思考与重建，我们明确想要从发酵的视角看中国。这或许是个有些宏大的愿望，但随着对发酵了解越多，就越强烈地认同发酵与人类生活息息相关。从一定角度而言，人类发展史可以说是一部食物发展史。发酵这种人类古老的食物制备方式，可以改变食物的状态，使之软化；防止食物腐败变质，使之长期保存；改变食物的味道，激发人们的食欲；改善食物的营养结构，使之更有营养。因为微生物无处不在，发酵的出现或许早于人类用火烹饪食物。若干次的偶然事件，使得人类开始有意识地利用发酵。

从采集社会到农业定居社会，发酵技术与人们的生活紧密相连。多样的传统发酵食物，随着食物充足不断涌现，或为了丰富食物品种，或为了保存以备灾年，或便于运输进行贸易。发酵食物在生活中随处可见，人类从偶然发现到利用发酵技术制备食物，有着上万年的历史，可以说发酵伴随着人类历史的发展进程。

发酵这种利用微生物，经过特定的代谢途径，将原料转化为人类所需要的产物的过程，给我们的生活带来出乎意料的惊喜。它健康、天然、多样、原生态，也不止于餐桌，传统发酵食物具有鲜明的产地风土特色，发酵技艺与地方文化息息相关，反映着土地、人与时代的关系。

我国作为发酵大国，发酵文化历史悠久，传统发酵食物丰富多样，但令人遗憾的是，大众对于发酵食物的关注度却远远不够，甚至还有很多误解。传统发酵食物背后的发酵文化，是地方文化的传承，可以帮助人们认识地方，建立连接。如今传统发酵食物不断受到发酵工业的冲击，如果传统发酵食物消失会怎样？从某种角度上说，我们也会失去地方文化丰富的遗产。

我国地域辽阔，不同地区和民族的传统食物十分丰富。即便是同一种原料的传统发酵食物，因地域与人们生活方式的不同，其工艺过程和所采用的微生物菌株也会有所不同。传统发酵食物作为工业微生物菌种资源的重要宝库和传统食物文化的载体，具有一般食物不可取代的作用。每个地区的人皆充分运用当地特有的食材、当地特有的微生物特性，呈现出其他地区无法模仿的地方特色。所以说通过发酵的力量也可以振兴地方，背后的逻辑正是"每片土地的风土，孕育出独特的文化"，需要深入挖掘并找出人们遗忘的历史，以及气候风土条件与其他地区有哪些细微差异，仔细研究微生物的多样性，如此才能找出正解。

为此，本系列书以传统发酵食物所用食材的来源为起点，从发酵地理的角度切入，挖掘不同地域的发酵文化与传统发酵食物，去展现食物背后的多样性以及地域文化。这一本就从我国西南地区的云南和贵州开启这趟发酵地理的旅程。为什么是云贵？同处西南山区的云南和贵州，自古以来就地缘相近、山水相连、语言相通、文化相近。乌蒙山脉造就昆明准静止锋的出现，使得云南和贵州两地气候、地理和农业自然资源各有千秋。历史发展中这两地远离中原政权，少数民族众多，经济水平相对落后，使得许多传统的发酵制作技艺和饮食习惯得以保留，成为地方独特的生活智慧，亦是云贵地区地域文化的延续载体。

本书分为五个部分，第一章讲述发酵的基本原理，阐述在历史的长河中，人类生活与发酵从偶然到必然的关系；第二章介绍了传统发酵食物的五大类别，分别从历史形成和时代演变讲述饮料发酵、肉类发酵、豆类发酵、奶制品发酵、蔬菜发酵的特点；第三章和第四章，则以云南和贵州两地的传统发酵食物为调研对象，以产地风土为线索，走访当地市场，采访发酵手工艺人。因为身处现场，更能真实地看见，让一切具象化，不仅直观地展现传统发酵食物的产地特色，也横向比较了两地的发酵风格，全方位呈现云贵两地发酵文化的丰富图景；第五章探讨传统发酵食物在生活中的未来，发酵作为食物的一种保藏制备手段，与生活的餐桌、人们的食用习惯息息相关，几位食物相关从业者在交流采访中提供了一些观点，展现了一些可能性，也引发了一些思考。

我们当然不是要回到过去，而是希望从过去看到未来的道路。微生物与人类共存的关系已是不争的事实，我们应怀着谦卑之心，学会与之共存，真正理解传统发酵食物对于生活的意义。发酵曾激发人们的创造性，今天又该如何保持活力，适应当下的生活？毫无疑问，答案正在我们每个人的心中。

目录
Contents

Chapter1 ／开始发酵　时间故事
发酵, 共存的时间故事　8

Chapter2 ／生活处处有发酵
流动的发酵　19
保藏肉, 更美味　25
豆子的改变　31
乳和发酵, 游牧民族的礼物　39
蔬菜的新鲜魔法　45

Chapter3 ／多样云南　多样发酵
把云南, 酿在酒里　56
豆类发酵　78
肉类发酵　94
乳制品发酵　116
蔬菜发酵　124
云南茶发酵　134
咖啡发酵　145

Chapter4 ／多山贵州　酸的风物诗

　　发酵酸汤　157
　　山水贵州酒　164
　　蔬菜发酵　171
　　肉类发酵　185
　　豆类发酵　199

Chapter5 ／共存、创造　保持发酵的活力

　　市集里的发酵世界　208
　　陈晓卿：发酵史就是人类文明史　212
　　重塑：对发酵的认知　215
　　冯健：发酵是一种自然之力的转化　216
　　二杆：发酵最重要的是时间　218
　　李刚：发酵是神奇的、未知的、变化的、有趣的　220
　　Swing：发酵是对标准化食物的一种反叛　221
　　张纭嘉：一场发酵实践，就像在滋养一段良性关系　222
　　周贤明：优质的发酵，带来更深层次的体验感　223
　　库索：发酵是好玩的，每个人可以根据自己的想法去玩它，去碰撞它　224
　　阳志锐：科技可以给传统发酵助力　225
　　城市里的发酵之味　226
　　开始发酵　首先要知道　228

结语　继续发酵　230

Chapter 1

开始发酵 时间故事

发酵，共存的时间故事

我们的九吋工作室从 2015 年开始进行发酵酿造工作，至今正好 10 年。一开始这仅仅是我们的业余爱好，没承想却开启了一段奇妙、丰富的发酵旅程。而为什么在大学学习发酵工程这个专业时，却没有如此强烈的感受？这些年来，我们一直在思考这背后的原因。究其根本，是认知上的不同造就了感受与理解上的不同。在进行专业学习的时候，发酵是一件离自己很远的事，它与规模生产有关，我们理解的发酵产品与市场上的众多产品一样，是功能上的需求，并未能与自己产生更多连接。而当我们选择用自己的双手去参与发酵，把发酵的产品分享给更多人的时候，整个过程形成一种强烈的、带有个人特色的连接。于是，在时间的故事里，发酵成为一把钥匙，打开了一扇扇我们曾经忽视的宝藏之门。

那么，发酵到底是什么？

发酵是指人们借助微生物在有氧或无氧条件下的生命活动，来制备微生物菌体本身或者直接代谢产物或次级代谢产物的过程。这其中有两个主角，一是微生物，一是人。而代谢是其中关键性的部分，它是微生物为了延续生命进行物质转换和获得能量的方式，这其中的代谢产物正好是我们人类所需要或追逐的。比如，在生活中频频现身的酿酒，正是因为酵母菌的发酵转化，产生了酒精、气泡和迷人的香气，上演了代代相传的人类酿造与饮酒的故事。

今天的发酵在食品工业、生物和化学工业中均有广泛应用，所有的发酵都是因为有了微生物的参与，才得以实现。可是在科学尚未揭示发酵本质的漫长年代，人类就一直在利用发酵，其中最直接的应用就是食物的保藏。纵观世界各地的文明形态，我们会发现发酵造就的食物无所不在，有令人陶然沉醉的黄酒、啤酒、葡萄酒等发酵酒精饮品，有膨松暄软的面包制品，还有利用肉、鱼制作的发酵肉类，而在我们熟悉的东亚地区，豆制品发酵转化的酱油、豆豉、豆酱等，更是每天都出现在我们的生活里。

为什么会发酵?

即便没有人类,自然界里的发酵一样会发生。因为这个过程中关键的主角,是无所不在的微生物。

微生物,顾名思义就是所有肉眼看不到,需要借助显微镜才能观察到的微小生物。当然也有例外,比如很多真菌的子实体(比如蘑菇、灵芝等)是肉眼可见的。

微生物在地球上存在的时间非常久远,地球已经存在了45亿年的时间,早在地球早期的极热、低氧时期,它们就已经出现。在植物、恐龙还未出现前,它们是地球上唯一的主角。正因为它们,地球呈现出了现在的面貌:细菌肥沃了土壤,驱动碳、氮、硫、磷的循环,把这些元素转换为动植物可以利用的化合物,再分解有机体继续循环。微生物通过光合作用,利用太阳的能量,把氧气作为代谢废物释放出体外,彻底改变地球的大气组成。

微生物无处不在,从深达万米的海沟和热浪喷涌的地热温泉,到极度寒冷的南极洲冰层之中,都有它们顽强生存的痕迹。动物起源于微生物,直到今天我们人类的体表和体内都有数量庞大的微生物。每个人的肠道内都有数千种微生物,它们帮助我们消化吸收食物,改善我们的肠道环境,调节免疫力。

在漫长的人类演进过程中,人类的先祖在偶然之间发现了奇妙的变化:一个掉在地上熟透的果子,吃过之后竟然让人微醺愉悦;一缸被遗忘的葡萄一周后转换出美妙难忘的味道;一碗隔夜的米饭长出了白毛,却透着甜香和酒香;一坛新鲜的蔬菜经过盐的腌渍,可以带来清脆的口感,帮助人们度过漫长的寒冬。无处不在的微生物,在适宜的条件下造就了各种各样的发酵,人类观察着这些引发变化的规律,从万分惊叹到慢慢习得并加以利用,自然产生的发酵与人类相伴的故事就此开始。

从偶然发现到积极探索的故事

发酵与腐败，成功与失败，这一线之隔到底是如何造成的？由于微生物过于微小，千百年来人类的肉眼无法看到，这背后的一切直到 16 世纪开始，伴随着微观科学的进步，微生物这个群体才得以慢慢显现冰山一角。

出生在荷兰代尔夫特的列文虎克，是个富足商人的儿子，虽然子承父业最终成为一名商人，但天生旺盛的好奇心让他热衷于去发现一些常人未见的事物。自从第一次见到最早期的显微镜，他就开始痴迷于这种观看微小事物的设备。1665 年，英国人罗伯特·胡克出版了《显微制图》，列文虎克受此激发，于 1671 年设计制作了一台功能更为强大的显微镜。此后，他将业余时间全部花在用显微镜观察身边的微观世界上。1675 年 9 月的一天，他从一滴存放了四天的雨水中看到了丰富活跃的微生物，重要的是它们是活的！罗伯特·胡克和列文虎克曾分别独立发明过显微镜，但他们最伟大的贡献则是把显微镜真正用于微观科学观察。

尽管人们看到了微生物，但让人们意识到它们和我们的生活有着紧密联系，还有漫长的路要走。

19 世纪中期，微生物学的开创者法国科学家路易斯·巴斯德更为系统的理论和实践，才让人们认识到微生物世界的神奇作用。当时科学界的主流是化学，师从有机化学家的巴斯德受人之托去帮助一家酿酒厂解决酿酒酸化的问题，意外揭示了发酵的秘密：酒的产生是因为糖的酵解，一种古老的真菌——酵母，分解糖转化产生酒精。葡萄上携带的天然酵母发酵转化出葡萄酒，发芽大麦因为酵母的加持发酵出啤酒。1866 年，巴斯德在其关于酒精发酵的专著中阐述了一项重要观点："如果没有细胞的同步组织、发育、增殖，或已经形成的细胞的持续性生命，那么酒精发酵永远不会发生。"他认为，活的酵母菌是发酵产生酒精的真正功臣。然而，当时的主流科学界并不接受这一观点，更多科学家更倾向于发酵是种化学过程，但他的观点推动了后来微生物学和食品工业的发展。

从 1870 年开始，巴斯德对微生物的研究开始转向疾病疫苗方向，比如我们熟知的狂犬病和炭疽病疫苗。纯化酵母菌应用于酿酒工业的重任给到了埃米尔·克里斯蒂安·汉森和罗伯特·科赫。汉森在丹麦酿酒师雅各布·克里斯蒂安·雅格布森（嘉士伯啤酒的创始人）的资助下，开启了酵母在啤酒酿造中的应用研究。汉森在啤酒厂的实验室里不断展开实验，希望从复杂的野生酵母酿酒环境中培养出纯化的酵母菌。无数次的实验都未能成功，问题出在培养基上。直到德国细菌学家罗伯特·科赫发明了固体培养基的方法，并在1881年公开发表了相关论文。次年汉森拜访了科赫在柏林的实验室，利用新的知识，他解决了之前备受困扰的问题，成功分离纯化了四种酵母菌菌株，其中一种可以稳定发酵酿造出美味的啤酒，被命名为"嘉士伯酵母1号"。

伴随着微生物学科的不断发展，人们对微生物的认知更加深入。微生物的种类众多，抛开非细胞型的病毒，从细胞型的角度来分类包括原核微生物和真核微生物两大类别。

原核微生物（无核结构）：细菌、放线菌、立克次体、支原体、蓝细菌、古菌等。

真核微生物（有核结构）：真菌（霉菌、酵母菌等）、显微藻类、原生动物。

所有这些微生物都具有个体小、结构简单、分布广泛、种类繁多、表面积大、生长繁殖速度快、代谢能力强的特点。它们像植物和动物一样，需要适宜的生存条件，有的需要在较高浓度氧气的环境中才能生长繁殖，有的则在无氧的环境即能生长繁殖。人们利用微生物的生物特性进行发酵，也尝试驯化某些特定的微生物菌群，然而随着了解越多，本质愈发清晰，实际上人类与微生物的关系是相互依存，相互影响，而且从未停歇。

为什么要制作发酵食物？

在人类还没有认识到发酵作用的机制时，制作发酵食物的历史已有几千年。那么人类为什么要制作发酵食物？

最开始的原因其实简单又朴素。从采集社会转入农耕时代以后，聚集起来的人们面临一个问题，就是季节性的粮食在收割后总是需要储存管理，晾晒、烟熏、烘干等降低其水分含量的方法是有效的保藏方式。但是由于地域和气候的限制，这些方法有时候还是会出现问题，比如保存环境不当，粮食容易发霉变质，甚至产生致命毒素。另外，农耕时代的群居生活，人类和牲畜的排泄物污染风险持续增加。

微生物存在于新鲜的食物中、空气中和人的双手上。地球上各地的人类先民凭借观察，不断总结经验，找到了利用微生物保存食物的方法。举例来说，比如液体，"有饭不尽，委馀空桑，郁积成味，久蓄气芳。"在丰收的年景，长江流域的祖先发现蒸熟的饭食会发酵产生香气，可以用来转化为美好的酒饮；在中世纪的欧洲，瘟疫横行，干净饮用水的获取是件难事，而大麦发酵的啤酒则是更健康卫生的饮料。除了流动的饮品，还有固体食物：有益菌在食物表面和内部大量繁殖，可以释放抗生素直接预防致病菌的生长，或者发酵代谢出的酸性物质不会再给其他微生物可乘之机。在冰箱未被发明之前，微生物发酵可以很好地保存食物，并让我们远离致病菌。

除了保藏的功能，人们发现发酵还可以改善食物。发酵可以让食物质地变软，实现预消化，营养也更加丰富而且易吸收。在发酵的过程中，微生物会代谢出大量酶，这些酶可以将食物中的大分子物质裂解为小分子物质，经过发酵可以将这些大分子蛋白质转化为氨基酸。其中的一些氨基酸，比如谷氨酸让我们感受到明显的鲜味。淀粉酶可以将谷物中的淀粉分解为葡萄糖、果糖和麦芽糖等，而葡萄糖和果糖是小分子单糖，这些单糖可以让我们品尝到甜味。另外，微生物发酵也会代谢出挥发性物质，例如：醛类、酮类、酯类、醇类、烃类物质，使我们可以闻到花香、木香、坚果香等香气。

而在农耕时代，初期驯化的植物依然保存自然中抵御植食性动物的机制，比如谷物种子里含有植酸，人类没有专门的酶来分解植酸中的无机盐，同时，植酸会阻碍人体吸收食物中的钙，导致人体缺钙。而通过"老面"发酵可以解决这个问题。老面中除了酵母，还有一些发酵细菌，它们能产生乳酸和醋酸，分解植酸，让谷物富含可以吸收的无机盐，同时不会阻挡人体对钙的吸收。

微生物发酵也会带来大量维生素，比如纳豆富含维生素 K，酸奶是大量 B 族维生素的来源，酸菜中含有大量维生素 C。在大航海时代，酸菜是海员们健康存活下去的重要食物。整体而言，发酵食物增加了更多风味，富有营养，更易消化，富含活菌的发酵食物对人体健康有着更加积极的影响。

发酵过程中有哪些常见的微生物？

01　酵母菌（真核微生物）

真核微生物的细胞核是由核膜、核仁及染色体构成的典型细胞核，可进行有丝分裂。真核微生物与原核微生物相比，形态更大，结构也更复杂。酵母菌是真核微生物中的单细胞真菌，个体形态有球状、卵圆状、椭圆状、圆柱状和香肠状等。

酵母菌是典型的兼性厌氧微生物，在有氧的条件下消耗葡萄糖和氧气，产生二氧化碳和水以及大量能量。而在无氧条件下，会消耗葡萄糖，产生二氧化碳和酒精以及少量能量。酵母菌可以说是人类文明史上应用最早、最为广泛的微生物，与人类的生活密切相关，比如利用酵母菌酿造葡萄酒、啤酒，制作面包等。另外，酵母自溶物可以作为肉类、汤类、奶酪等食物的调味料。

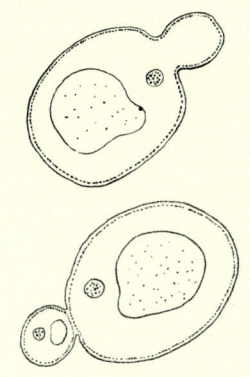

02　细菌（原核微生物）

细菌是地球上所有生物中数量最多的一类，可以根据形态分为球状、杆状和螺旋状等。细菌有好氧菌也有厌氧菌，根据细胞壁特性可以分为革兰氏阴性菌和革兰氏阳性菌。

在我们的发酵食物中，乳酸菌算是应用较为广泛的一种细菌。乳酸菌是一类能利用可发酵碳水化合物产生大量乳酸的细菌的统称，大部分属于厌氧菌。这类细菌在自然界分布极为广泛，具有丰富的物种多样性，至少包含 18 个属，共 200 多种。

乳酸菌普遍生长在水果、蔬菜表面和人体肠道内，它们可以将糖转化为乳酸，这种代谢特征可以让我们制作泡菜、酸奶以及乳扇，在火腿、米酒和葡萄酒的发酵过程中，也会看到它的身影。

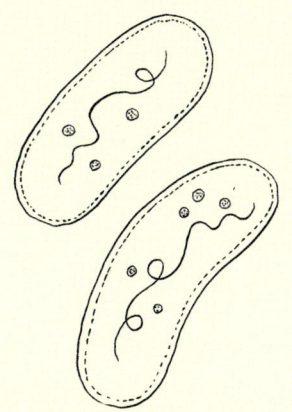

03　霉菌（真核微生物）

霉菌意为"发霉的真菌"，是丝状真菌的统称，霉菌在我们的生活中无处不在，特别喜欢潮湿的环境。对于霉菌往往会用孢子的颜色命名，比如黄曲霉、黑曲霉、青霉菌。构成霉菌营养体的基本单位是菌丝，这些菌丝一般分 3 种：营养菌丝、气生菌丝、繁殖菌丝，许多分枝的菌丝相互交织在一起，就叫菌丝体。

我国利用霉菌进行食物发酵的实践可谓历史悠久，自汉代起就建立了用"曲"来酿酒的谷物酒发酵工艺，"曲"中含有霉菌、酵母菌和细菌。霉菌在生长繁殖的过程中，代谢出大量淀粉酶、蛋白酶以及纤维素酶，水解谷物的淀粉释放大量葡萄糖、果糖、麦芽糖，为酵母菌发酵提供营养，从而产生酒精和复杂的香气。

另外，我国传统调味料醋、酱油、豆豉、腐乳也都用到霉菌。在云南地区，制作火腿也离不开霉菌，青霉菌、黄曲霉等都为其发酵熟成做出贡献。

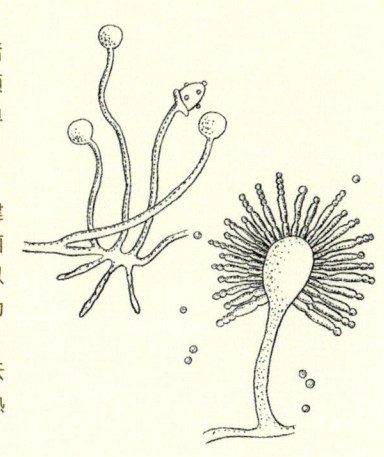

发酵与土地相连

发酵与土地紧密相连，势必要与播种、生长、收获和储藏相关，每一块土地，种植本地特有的作物，形成地方特有的传统发酵食物。这些食物特有的香气、质地、色泽和口感，在当地拥有长期食用的历史，保留着人们世代生活的印记，留存着当地生活的智慧与基因。所以其中蕴含的不仅是食物的味道，更是独特的文化记忆。

整个人类世界中，传统的发酵食物可以根据参与主原料的不同进行基本分类。

发酵的起源伴随着最古老的文明一同出现，每种文明都拥有各自的发酵酿造饮料，比如酒。关于人类如何酿酒、如何饮酒以及酒的故事和传说，不同民族和文化都有不同的诠释。但用谷物、水果、蜂蜜、牛奶……这些本地生长现有的基础原料，在地方的微生物环境下，利用微生物发酵糖转化为酒精，早已贯穿于人类历史的长河当中。发酵饮料也可能不含酒精，现代社会中的茶、咖啡也都属于发酵饮料的范畴，它们无处不在，不仅可以满足人的味蕾，还具有绝佳的社交功能。

如果说发酵饮料为人们提供微醺的、沉醉的状态，那么发酵食物则更务实，为人们提供基本生存的必需品。从蛮荒时代到采集社会，农业社会尚未形成之前，肉是人类获取蛋白质的主要来源，发酵肉制品最初出于偶然，后面慢慢流行为贮存的方式，特定地区的人们也习惯于肉类发酵后的特殊气味。如今普遍存在的发酵肉制品分为两种形式：干肉或腌制肉类。火腿或许是名气最大的腌制肉类发酵食物。时间的沉淀造就美味，微生物的转化功不可没。在任何气候条件下，发酵都能用于在收获季以外保存植物，乳酸发酵巧妙地帮助人们度过漫长冬季，又能保持蔬菜的鲜脆，给予它全新的风味，这也是直到今天蔬菜发酵仍然是餐桌常客的重要原因。发酵乳制品的传播源于游牧民族，而美味、健康的发酵乳制品，在定居人群的生活中同样魅力无限，被选择并保留下来，内含多样化的益生菌，有益肠道健康，在新时代成为健康明星。古老的中国，还为这个世界贡献了一个伟大的发酵食物门类，就是发酵豆制品。我国是大豆的故乡,千百年来中华民族发明了种类繁多的大豆加工食物。早期的发酵豆酱、发酵豆豉和腐乳都是传统发酵食物的代表,这些大豆发酵食物不仅风味独特、滋味鲜美,而且营养丰富,是中华民族繁衍生息的重要物质基础。它影响了周边国家的豆类发酵应用,比如日本的味噌、纳豆。之后在酱和豉基础上发展出来的酱油,被公认为是"中国食物中最为重要的调味品",广泛传播到世界各地,续写"鲜味"传奇。

除了上面提到的这些类别之外,还有非常日常的发酵谷物,就是作为主食的馒头、面包。传统制作方法是利用天然酵母发酵,手工定形、烘烤,今天尽管这些发酵谷物形状不同、添加物不同、自动化的程度不同,但几千年来形成的发酵方法并没有什么变化。

人们利用微生物的生命活动来获得自己想要的结果,制作的发酵食物出现在生活各处,滋养着人们的生活。

发酵伴随人类的生活已经存续一万年,微生物学科的兴起让我们认识到了发酵背后的起因,而对于产生作用的主角微生物来说,这只是个小的开始。当19世纪让位给20世纪,崭新的时代里科学日新月异,伴随着城市社会工业化的浪潮,人们的生活在经历巨变。食品工业逐渐向规模化、集约化、效率化、稳定化方向发展。尽管传统发酵食物占主流的生活格局在全球各地都在发生改变,有的会被延续,有的也会完全消失,有的却也呈现崭新的面貌。然而我们与微生物共存于这个星球,发酵一直伴随着人类文化的延续发展,它不仅曾是世代相传的保存食物的方式,也是人类使得食物更加美味的加工手段;它不单纯是味道,还激发着人们的创造力;它与土地相关,是地方文化代代相传的载体;近年来更多科学研究也使我们认识到发酵食物的健康菌群,潜移默化塑造着人体的健康,而与有益的微生物共存是永恒可续的未来。发酵,无疑是我们连接自然、历史和生活的纽带,永远值得我们面向未来努力探索。我们也应回望过去了解往昔,发酵犹如暗夜里的光,照亮我们向前的道路。

Chapter 2

生活处处有发酵

流动的发酵

发酵始于偶然,却发展于必然。放眼各种古老文明,无一例外都精准验证着发酵与人类的关系——与土地紧密相连,与微生物共生共存。美索不达米亚平原上,底格里斯河和幼发拉底河造就的两河流域孕育了生命与文明,这片区域已有9000多年的大麦种植历史,也正是啤酒最早的诞生之地。啤酒伴随着古老埃及文明的发展,是埃及人生活中不可缺少的一部分。水果发酵饮料的历史悠久,因为它不需要糖化,就能发酵。古代地中海的东岸,葡萄在此沐浴阳光雨露,茁壮成长。在古希腊,葡萄酒是除水之外被饮用最广泛的饮品,希腊人将葡萄酒视为纯洁、热情和男子气概的象征。随后伴随着罗马帝国的发展与开疆拓土,葡萄酒在欧洲大陆变得越来越流行。人们饮用葡萄酒,同时研究如何种植葡萄,不断精进酿造技艺。作为最早驯化水稻的地区,我国的发酵饮料,一开始就与谷物发酵紧密交织。在我国河南省的贾湖遗址中,距今9000—7500年的墓地内发现的陶罐内淡黄色残渣,被证实是来自一种含有蜂蜜、大米、葡萄和山楂的发酵饮料,这是目前已出土世界最早的人工酿酒。由于谷物发酵不同于水果发酵,我国先民开创性地发明了独特的制曲技艺,与地方紧密相连,从米酒、黄酒到白酒,世世代代伴随人们的生活。

我国的饮料发酵以谷物发酵为主,以非谷物发酵为辅,拥有丰富多样并行发展的历史故事。这一切是如何开始的?我们的先祖从偶然发现的发酵现象中观察、学习、总结、改进,形成属于这片土地独特的发酵饮料世界,持续滋养着生于斯长于斯的人们。

谷物发酵的演变

"酒者,天之美禄。"酒和饮酒已深深嵌入中国人的美学体验和感官享受中,从《诗经》中的民歌,到唐宋时期的诗词,漫长的历史长河中,我国的文学艺术和史学文献中,常常看到它们的身影,"酒"被用作祭品来供奉诸神或祖先,也能寄托悲伤或欣喜的心情。

许多世纪前,我国人民就已经用煮熟的粮食酿酒。《战国策》:"帝女令仪狄作酒而美,进之禹,禹饮而甘之。"这表明在夏朝建立之时,酿酒工艺已经为我国先民所知。

用谷物酿酒与葡萄酒酿造不同,葡萄果实表面存在大量野生酵母,葡萄经过破碎后糖分和酵母菌相遇，使得发酵必然会发生。而用谷物酿造酒精饮料则要复杂得多，它的酿造需要将两个独立的生化过程结合起来：(1) 糖化作用，即谷物中淀粉水解为发酵糖类；(2) 发酵作用，即酵母菌将糖类转化为酒精和二氧化碳。

从酿酒原理上讲，只要含可发酵性糖或可转化为可发酵性糖的原料，均可用来酿酒。从古至今，我国人民用来探索酿酒的谷物种类不少，酿酒的谷物原料随着时代的发展和人们的需求发生着变化。考古证据显示，我国是最早驯化水稻的地区，新石器时代水稻种植已普遍分布于长江流域。河姆渡遗址考古出土的稻谷、稻壳等与农业生产相关的遗存，反映出当时的稻作农业较为发达。5000年前，水稻种植向北传入黄河流域，商周时期，稻谷的种植在黄河流域也逐步推广开来。距今3000多年的河南安阳殷墟遗存的甲骨文中，发现有卜丰年的"稻"字和秜（籼）、秔（粳）等不同稻种的原字，以及稻谷生产歉收的记录。丰产之后的余粮，正是开始酿酒的必要条件，"有饭不尽，委余空桑，郁积成味，久蓄气芳。"所以，我国酿酒史上首先用来酿酒的主要谷物原料就是稻米。在《诗经·豳风·七月》中，古人歌之："八月剥枣，十月获稻，为此春酒，以介眉寿。"

虽然黍、粟、麦等都成为过酿酒的谷物"担当"，但因为自身特性的问题都未能成为主流。稻米在很长一段时间内一直是酿酒世界的明星，造就了如桃园酒、香雪酒、碧香酒等各款被文人传颂吟唱的美酒。而高粱加入酿酒大军，最早的文字记载出现在明代。徐光启在《农政全书·种植》中写道："蜀黍，一名高粱……米有两种，黏者可和糯秫酿酒作饵，不黏者可作糕、煮粥，可济饥，亦可养畜。"高粱被广泛种植也有当时的历史原因，它从东非的古埃塞俄比亚经阿拉伯商人带到东方，因为它抗涝、抗旱、耐盐碱、耐贫瘠的天生优点，逐步在我国土地上植根生长。特别是在明代，朝廷为治理水患下令广种高粱，以其秸秆加固河堤，剩余的高粱籽实除作民食及牲口饲料外，则用于酿酒，出现于北方地区。

"天下美酒出高粱"，因为由它蒸馏出的烧酒，酒精含量高，含有特殊的芬芳。目前，普遍认为蒸馏技术在我国出现在元代以后，从清代开始，高粱蒸馏酒崭露头角，在谷物发酵酒的"主角光环"下慢慢发展成长，直到1949年以后真正迎来一统江湖的繁盛时代。清朝梁章钜在《浪迹丛谈》和《浪迹续谈》中就写道："今各地皆有烧酒，而以高粱所酿为最正。北方之沛酒、潞酒、汾酒，皆高粱所为……"这不仅说明那时高粱已经用于酿造烧酒，且盛产高粱烧酒的地域已经相当广泛。现在的科学研究发现，高粱粒中含有酿酒所需的大量淀粉以及单宁，酒曲中的微生物将淀粉转化为酒精，也能在发酵过程中产生丁香酸、丁香醛等香味物质，因而给白酒带来特有的芬芳香气。

灵魂之曲

无论是哪种谷物作为主角，我国酿酒世界中真正的伟大发明都毋庸置疑——就是曲。

我国传统的谷物酿酒工艺与欧洲的水果酿酒利用天然酵母不同，它建立在一个完全不同的基础之上，更为复杂，更需要纯熟的技术而非偶然作用。自璀璨辉煌的汉代到群雄逐鹿的三国，我们可以从各种文献和创作中看到酒和曲的身影，但它具体是如何制作的？一直没有证据。

直到北魏末年，《齐民要术》问世，这部综合性农学著作，以农为本，详尽收集了古代中国在农业生产领域创造的经验。作者贾思勰记载了当时用糯米和粳米制酒的方法，九种曲的制作方法中八种为麦曲，一种是用谷做曲。生产曲的原料处理包含焙炒、汽蒸、生料等不同的方式。成品曲的形状也有很大的不同，神曲和白醪曲为圆饼形，而笨曲为方形或砖形。从制作时间到曲房的搭建，皆有专业的技术要领，农历七月开始作曲，在曲房中放置 21 天后，曲就做好了。曲饼成熟后，它具有一种神奇的活力，通过发酵将谷物原料转化为酒。

到唐宋时期，我国造麦曲的方法有了更多的发展。例如，对制曲节气的选择已经很明确，"造法曲"就是按照规定的日期，采用一定的方法，制成一定质量的酒曲；唐朝制曲用曲模和用脚踩踏的方法，让制曲生产的操作实现定形快速化。《齐民要术》诞生半个多世纪后，另一部酿酒技术著作《北山酒经》于宋代面世，作者朱肱有着丰富的酿酒经验，我们可以从书里看到详细又与时俱进的酿酒技术。书中除传统酒曲外，还出现了风曲和小酒曲等曲的种类，做曲的原料既有熟料，也有生料，还有用量精准的各种草药，收集了 13 种药曲的制作法则。

红曲在宋代的饮食体系中悄然出现，北宋的《清异录》中有"以红曲煮肉"上色的记载。到了元代的《居家必用事类全集》，已经正式记录了几种红曲酒的制作方法。而元代对后世来说最为重要的酿酒技术创新,则是蒸馏技术的出现,蒸馏酒以"南番烧酒"之名首次出现,作者似乎仅是轻描淡写地记载了一则异域酒款,却不曾想到它改变了之后我国酿酒与饮酒的走向。

明清两代,500多年的斗转星移,人们仍沿用传统的方法制作酿酒用的酒曲,但是主流酿酒谷物原料从稻米转为高粱,以及蒸馏技术逐渐普遍使用,加上酿酒技术不断提升,使得品种、产量、酒质都得到前所未有的发展。清朝中期以后,烧酒(白酒)的用酒量首次超过黄酒,这成为我国饮酒史的一大变化。1952年,第一届全国评酒会在北京举行,这被称作中国白酒巨变的元年。自此,白酒这种蒸馏烈性酒在我国一骑绝尘,开启新的酒饮时代。

在我国,无论是发酵酒,还是蒸馏酒,都需要"曲"作为媒介。曲由多种微生物组成,包括曲霉、根霉、毛霉及酵母菌(主要是酿酒酵母菌)和细菌。其中这些微生物的生长代谢可以产生很多酶:将淀粉转化为糖的淀粉酶,将蛋白质水解为肽和氨基酸的蛋白酶,将果胶水解为糖醛酸的果胶酶,以及将脂肪水解为甘油和脂肪酸的脂肪酶。毫不夸张地说,曲是谷物发酵酿酒的基础。规范的操作流程下,酿酒成为一件容易的事。

但是为什么这种神奇的组合会出现在我国并影响到其他亚洲国家,这是由几个独特的先决条件造就的。首先,古代中国大地适宜种植稻和黍;其次,应该感谢我们的祖先,率先发明了蒸这种重要的烹饪技术,利用"甗(yǎn)"这种我国独创的古老蒸具,谷物在蒸的操作后变为膨松分散的饭粒,口感更好,碰巧饭粒也是空气中天然真菌孢子沉降、萌发与繁殖的绝佳基质,为曲的生长提供了必需的养分基础。

蜜与果　风物发酵饮

我国疆域辽阔,在不同的时代用来发酵酿造的其他原料,也曾或长或短走入人们的生活,为饮之趣味增添别样风味。

蜂蜜酒可以称作是人类社会最古老的酒。在我国河南贾湖遗址出土的陶罐残渣,经分析证明其中就含有蜂蜜,此时并没有曲的出现。那么如何发酵产生酒精?这是蜂蜜的绝妙之处。蜂蜜含有高浓度的果糖和葡萄糖,造成的高渗透压使微生物几乎无法生存,但是和水相遇之后降低了糖浓度,在合适的比例下为微生物的生长创造了适宜条件,发酵就这么自然而然地发生了。然而蜂蜜难得，蜜酒自然也不常见，在我国的饮酒史中只是冷门。《齐民要术》中有则关于外国苦酒法的记载，正是蜜与水的组合。真正带给蜂蜜酒高光时刻的人是宋代诗人、美食家苏东坡，当年他在黄州，曾得西蜀道士杨世昌的秘方，酿作蜜酒，他在《蜜酒歌并叙》中称之为"绝醇酽"。因为文豪的加持，蜂蜜酒受到文人雅士的重视，《续北山酒经》和《酒小史》中均有它的身影。然而，它过于甜蜜的气质和高价的原料，并不适合更广泛人群的口味喜好，在中国大地上蜂蜜酒即便到今天，仍然算小众。

与蜂蜜酒不同，葡萄酒曾有过高光时刻。唐朝是诗歌迸发的激情年代，诗与酒，浪漫与奔放，诠释着一个盛世的繁华。诗人王翰的"葡萄美酒夜光杯，欲饮琵琶马上催"或许是最为著名的葡萄酒诗句。汉朝张骞第二次出使西域时将葡萄引入我国，到唐朝建立时已经种植了700多年。《太平御览》记载，唐贞观十三年（639年），唐军在攻破高昌国（今新疆吐鲁番）时，唐太宗从高昌国获得马乳葡萄种和葡萄酒酿造法后，不仅在皇宫御苑里大种葡萄，还亲自参与葡萄酒的酿制。酿成的葡萄酒不仅色泽好，味道也是"芳香酷烈"。在唐代，有着众多赞美葡萄酒的诗句，而且当时葡萄酒的酿造已从宫廷走向民间，特别是在西部"凉州"地区，这里因为地理条件更适合葡萄生长，高品质的葡萄也使得酿出的葡萄酒品质更优。随后的几个世纪，战乱频发，民不聊生，葡萄自然缺乏条件广泛种植，各种原因导致葡萄酒无法继续展现自己独特的魅力，未能继续繁荣，但它作为一种独特的发酵酒饮，一直被记录下来。李时珍在《本草纲目》中写道："葡萄久贮，亦自成酒，芳甘酷烈，此真葡萄酒也。"这正道出葡萄酿酒利用野生酵母，与我国传统酒曲酿酒的底层逻辑不同。因为葡萄种植地的气候、地理条件、微生物环境都会影响葡萄的品质，从而决定葡萄酒的风格表现。

从酒到醋

醋在古代叫作"酢""醯""苦酒"等，另外在《康熙字典》等古代辞书中，"醋"也是被归"酉"部的，由此都可以看出它与酒的关系。《齐民要术》中记载了三种"酒动"，其实就是酿造过程因保护不足使酒变酸，最后皆可成为醋的制作方法。

在我国古代，酿造醋的原料与酒相同，发酵的第一个阶段是乳酸菌和酵母菌将谷物中的淀粉转化为乙醇和二氧化碳，第二个阶段是醋酸菌进行醋酸发酵，将酒精转化为醋酸。直至今天，从酒发酵独立出来的醋，与酱油一起共同承载着我国日常餐桌上的发酵之味。

保藏肉，更美味

发酵是人类重要的食物保藏手段，对于给予人类能量的肉类食物，利用发酵进行加工处理，减缓肉类的腐败速度，历史相当悠久。在世界各地都能看到发酵肉类的身影，比如丹麦格陵兰岛因纽特人钟爱的腌海雀、西班牙伊比利亚的火腿、瑞典的鲱鱼罐头、老挝的腌鱼……这些人类生存的发酵智慧既解决了人类生存所需的能量，也带来口味上的全新选择。

从发酵肉酱开始

我国肉类的发酵，也经过了漫长的演变。在《周礼·醢人》中记载，最早出现的发酵肉类是以调味品出现的发酵肉酱——醢，选用的肉包括猪肉、蜗牛肉、牡蛎肉、鱼肉、青蛙肉、兔肉、鹅肉。然而，古人最爱的还要数用鱼制作的醢，在《吕氏春秋》"本味"一篇中，两种用鱼制作的醢被列为美味。在《齐民要术》中，有详细介绍发酵肉酱制作方法的文章，都是先将鲜肉去除脂肪、切碎，混合曲粉、盐拌匀入坛发酵而成。在发酵豆制品出现之前，发酵肉酱是我国饮食的主要调味品，但随着豆豉、豆酱的不断发展，技术愈发成熟，再加上黄豆低廉的成本，发酵肉酱从宋代开始逐渐被发酵豆制品取代，慢慢退出了国人的餐桌。

联手乳酸菌，从鲊到酸肉

肉酱的制作原理是利用微生物曲进行发酵保藏，另外还有一种肉类保藏方式是利用乳酸菌进行的发酵转化。这种被称作"鲊（zhǎ）"的发酵食物，通过酸性介质保护鱼肉免于腐败，在我国古代的餐桌上非常受欢迎。东汉《释名》中就已经提及，"鲊，滓也。以盐米酿之，如菹，熟而食之也。"同样在《齐民要术》中介绍了八种制作"鲊"的方法，作者贾思勰很清楚，当用盐腌制鱼肉的时候，随着盐被鱼肉吸收，水会渗出，鱼肉内的活性水变少，自溶受到限制，而米饭中的淀粉质被乳酸菌转化为乳酸，提高鱼肉的酸度，从而使鱼肉得到保藏，这种做法不仅限于鱼肉，也可以应用于其他肉类。鲊在古代餐桌上相当受欢迎，与发酵肉酱遇冷的境遇不同，在文献上常能看到记载鲊的篇章。特别是在宋代、元代、明代、清代的各种食物相关著作中，比如《吴氏中馈录》《居家必用事类全集》《食宪鸿秘》等，都能看到介绍鲊的制作方法，可见它在古代日常生活中的普及。特别是在元代的《居家必用事类全集》中收录了14个鲊的品种，除了鱼鲊之外还有家禽、野味、蔬菜鲊等。古人做鲊春秋两季为多，太冷，温度不够，难以成熟；太热，温度高，则易腐败生虫。

这种利用乳酸发酵肉的方法如今依然存在，主要流行于湘西、云南、贵州、重庆等地，发酵好的肉是侗族、苗族、傣族、毛南族和土家族等少数民族祭祖、待客、婚嫁、节日聚会等活动的必备菜肴。它的叫法只有在云南个别地区还是这个古老的名字"鲊"，在其他地区都因为发酵后产生了"酸"的味觉特点，而被统一称为"酸肉"。发酵酸肉的制作方法跟2000年前没有太大变化，选取新鲜的肉品，切成长条状或块状，将盐、米粉以及一些香辛料均匀涂抹在表面，揉搓后装坛，用水密封坛口，置于阴凉处腌制30天左右即可开坛食用。如今用科学的原理来解释，酸肉主要是自然条件下利用有益微生物进行厌氧发酵，从而形成以乳酸菌为优势菌的发酵肉制品。乳酸菌的发酵作用后，酸肉的味道酸香浓郁、回味醇厚，又兼具营养丰富、贮藏期长等特点。

在东南亚的一些地区，也存在一些与我国酸肉制作方法相似的发酵肉制品，其主要制作方法是将新鲜猪肉和大米分层放置，加入油、糖和其他调味品，混合均匀，然后用香蕉叶包裹，用绳子缠绕固定成形，进行发酵。其在称呼上也有些不同，例如在越南被称作"Nem Chua"，在缅甸被称作"Wetta Chin"，在老挝被称作"Som Mou"，在泰国被称作"Jim Som"。

云贵地区的酸肉是广义上经过发酵产生酸味的肉制品，鱼肉、猪肉、猪蹄、猪皮、猪内脏、牛肉皆可制作酸肉。但由于其生产制作多为自然发酵，易受到地域、环境、气候、人为操作等因素影响，发酵体系中的微生物组成与发酵条件差异较大，风味也各不相同。

腊及发酵火腿

我国历史上还有一种历史悠久的肉类保存方式，就是"腊"。这种制作方法利用盐水浸渍肉类后，经自然风干发酵。因多在腊月制作，所以被称为腊肉。周代早期的《易经》是最早出现"腊"字的古代文献，这也表明早在周王朝时期，就已经出现了腌制肉品的方法。随后的历朝历代的文献中，一直都有"腊"和"脯"的身影。特别是在《居家必用事类全集》中，收录了多个相关配方，它们的加工过程都包含揉盐、盐渍、酒糟等前处理工艺，之后都有风干、晾干、晒干、熏干等脱水工艺。这种加工方法适用于各种肉类，而最为常见的则是猪肉。

腊猪肉界的明星当属金华火腿。早在唐朝开元年间陈藏器所著的《本草拾遗》中有"火骽（同腿），产金华者佳"的记载。自明朝以后，火腿历代都被列为供品和补品。《本草纲目拾遗》载："兰熏俗名火腿，出金华者佳。金华六属皆有，唯出东阳浦江者更佳。其腌腿有冬腿春腿之分，前腿后腿之别，冬腿可久留不坏，春腿交夏即变味，久则蛆腐难食。又冬腿中独取后腿。以其肉细厚可久藏，前腿未免较逊……凡金华冬腿三年陈者，煮食气香盈室，入口味甘酥，开胃异常，为诸病所宜。"至于火腿的详细制作方法，还是要看《居家必用事类全集》中的记载，给出了盐和肉的具体比例，以及前后需要近30天的时间。

元明之后，云南与中原融合加速，中原的饮食习惯和制作技艺同样影响着这片神奇富饶的土地。都说火腿是气候、地形和时间一起作用创造出来的美味，云南地形、气候多样的特点，也造就了火腿产地丰富的基本底色。知名的宣威火腿和诺邓火腿已经走出大山，成为云南味道的代表，此外还有鹤庆圆腿、师宗龙庆火腿、丽江永胜火腿、撒坝火腿、哀牢山猪火腿、无量山火腿、怒江老窝火腿等。这些火腿产地大多分布在云南的北部地区，特点是纬度较高、海拔较高、年平均气温相对较低。每一处火腿的制作方法基本类似，但独特的自然生态环境，为本地火腿提供了深度发酵的条件，造就出独特的风味。腊月杀年猪，在云南的北部山区，冬天干燥少雨，火腿在长时间的发酵过程中水分逐年下降，而盐分逐渐升高，这是火腿耐贮藏的关键因素。

发酵的魔法：产生迷人的风味物质

肉类包含丰富的蛋白质，也使得发酵过程中微生物复杂多样。

在酸肉制作中，包含的微生物有细菌与真菌。其中的乳酸菌是发酵中的绝对优势菌种，其主要作用是将肉中的糖类物质分解成乳酸、乙酸和琥珀酸等一些挥发性化合物。因为酸度增加，所以杂菌生长受到抑制，同时游离氨基酸的含量增加，有利于发酵肉制品风味的形成。在整个发酵过程中共产生100多种风味物质，其中的26种特征风味物质共同构成了酸肉的特征风味，如脂肪味、青草味和瓜果清香味。

火腿的风味是多种物质协同作用的结果。其中，蛋白质的降解氧化和不饱和脂肪酸的自动氧化是火腿中挥发性物质形成的一个最重要来源。另外，氨基酸的降解可以形成一些挥发性化合物，当火腿中赖氨酸和酪氨酸这两种氨基酸含量较高时，感官评价得分最高。火腿中挥发性风味物质主要有醛类、酯类、醇类、酸类、烃类、酮类和含硫化合物等。醛类是火腿加工过程中种类和含量最丰富的挥发性物质，对火腿风味的贡献最大。传统发酵火腿的微生态系统由霉菌、微球菌、葡萄球菌、乳酸菌、酵母菌等构成，这些微生物菌群与火腿的色泽、风味形成及安全性等密切相关，所以我们便能理解那句"火腿，气候使然"，因为每个地方所特有的微生物的多样性，经过综合发酵产生代谢产物，使得传统发酵的火腿成为独特的存在，伴随着每一代人的味觉记忆。

豆子的改变

大豆是我国的原产作物，在五谷（麻、黍、稷、麦、菽）中占有一席之地，在古代文献中被称为"菽"。高产的大豆，含有丰富的蛋白质（35%）和油脂（20%），但由于本身的特性，独有的豆腥味会让人不悦，加之烹饪耗时，食用后难以被人体消化，容易导致胀气，最初并非理想的食物。这些综合原因使得大豆在五谷中排名最后，早期的食用方法局限于主食领域，主要用来制作豆粥、豆饭。

然而，我们的祖先从来没有放弃对大豆的食用探索。自汉代开始，充满生活智慧的中国人不断发挥创造力，寻找各种加工方法来解决大豆食用时不完美的问题。首先是从大豆生发出豆芽，然后伴随着加工工具的进步发明了豆浆和豆腐，大豆的身份慢慢从原来的主食地位转变为副食明星。

等到发酵登场，则彻底改变了大豆的命运。人们利用微生物将大豆及豆类加工品制成发酵食物，比如豆豉、豆酱、酱油和腐乳等，不仅完美解决了大豆原本的口味缺陷，还形成了全新的风味。豆类发酵食物为我国乃至世界的饮食餐桌，提供了超乎想象的多样性、复杂性以及无尽的可能性。

豆豉和豆酱

长沙出土的马王堆汉墓闻名于世的原因是展现了西汉时期人们的生产生活，使得我们一窥距今2000多年的汉代初期的文化历史和生活方式。发酵应用的历史古老而悠久，发酵豆制品的身影就是很好的例证，当时考古学家分别从一号墓和三号墓发现了写有"豉"的竹简和"酱"的帛书。再结合我国古代的文献记载中豆豉和豆酱的相关介绍，再次论证两者一直是我国调味领域的重要"担当"。究其原因,东汉的《释名》中给出了很好的解释,书中将"豉"定义为"嗜",即使人愉快并诱人的东西。

然而,大豆从充满缺点变为带来鲜味的明星,古人首先要做的是改变大豆。如何完成?在《齐民要术》中,我们可以找到豆豉和豆酱的加工方法。两者首要的步骤都是大豆的前处理工艺,依赖我国古老而基本的烹饪方法"蒸和煮",将大豆加工至熟,不但可以减少豆腥味,还能使大豆更易消化。随后,我们的祖先从自然界寻求帮手,利用穰草、麦秸、青蒿或苍耳等植物枝叶上的天然微生物菌群,引种接种,摊晾翻豆,为看不见的微生物的生长,创造良好环境,促进发酵作用的进行。

相比豆豉,豆酱的制作方法则更为复杂,早期的制作方法需要蒸三次进行脱壳,然后有两个发酵阶段,发酵的时间也更长。依照《齐民要术》中记载,豆酱的最佳制作时节是12月或1月,前后需要100天的时间。酱的主要价值同样在于调味,成书于北宋初期的《清异录》中评价:"酱,八珍主人也",可见酱的调味地位。通过现代科学实验鉴定,了解到豆酱让人欲罢不能的原因,其中所含的风味化合物多达200余种。所以尽管制作过程费时费力,并未影响它在时间长河中发光发热。

制作豆豉和豆酱,曾是一年中非常重要的事。历代人民不断总结经验,不仅知道天时、季节、气温、器物对其成品的影响,甚至还总结出一套吉凶良辰。随后的几个世纪里,豆豉、豆酱一直出现于食经食疗的相关文献里。特别是从宋代开始,手工业和商业更为发达,制作工艺也不断被优化。到了元代,制作豆酱时大豆的前期处理开始简化,发酵时间也被缩短,甚至出现了"十日酱法"。而酒、蔬菜和各种香料也被添加进来,使得豆酱制品的香气更为复合多样。

我国幅员辽阔,制作豆豉的版图极为庞大,原料常选用黄豆、黑豆,各地自有一套偏好。而真正决定豆豉感官特征及风味特性的主角,则是参与发酵的不同微生物。在微生物学蓬勃发展之后,今天通过显微镜我们了解到,根据微生物参与的不同,豆豉可分为曲霉型豆豉、毛霉型豆豉、细菌型豆豉、根霉型豆豉。

大豆在发酵过程中,由于有益微生物的酶解作用,所含蛋白质、脂质及碳水化合物等被

豆豉类型	制作方式
曲霉型豆豉	利用米曲霉发酵，由于霉菌生长茂盛，所以有洗曲的流程
毛霉型豆豉	接种毛霉（高大毛霉、总状毛霉），适宜在温度低时制作，在制曲阶段，毛霉大量生长繁殖，产生孢子，洁白细腻的白色绒毛是标志产物
细菌型豆豉	采用稻草包裹发酵，稻草天然的微生物群系主要由枯草芽孢杆菌、微球菌和乳酸菌构成，发酵速度快
根霉型豆豉	经过浸泡、脱皮之后接种根霉进行固态发酵。比如爪哇的天贝，传统采用香蕉叶或其他大片树叶包裹大豆发酵

降解，生成小分子物质，最终形成具有特殊风味的豆豉。大豆蛋白质在发酵过程中水解为小分子肽和氨基酸，正是其中的谷氨酸成就了豆豉的鲜味。

在民间，大家并不清楚到底是哪些微生物的参与使得大豆转化为美味豆豉。人们更习惯根据成品特性和状态区分豆豉，比如根据含水量，分为干豆豉、水豆豉；根据咸度，分为咸豆豉和淡豆豉等。而真实的美味体验使得豆豉在中餐的烹饪中一直备受欢迎，被世代传承下来。而且不同地区都有自己的豆豉明星，比如广东阳江豆豉、广西黄姚豆豉、四川永江豆豉、湖南浏阳豆豉等，而在西南地区的云南和贵州，因为丰富的地理地貌和民族特色，则形成了与中原地区更不同的豆豉风味，比如状态类似纳豆的湿豆豉，形态固化的豆豉粑、豆豉饼、豆豉条等，每一种豆豉都是本地微生物和饮食文化的风土表达。

酱油崛起

酱油，这个名词最早出现在宋代的《山家清供》中，书的作者是南宋文人林洪，他过着淡然的自然生活，食物记载则清新雅趣，当中的酱油作为凉菜的调味品出现，"韭菜、嫩笋、鹿葱"都因此增色添鲜。

作为豆酱和豆豉的副产品，清酱、豆油、豉油，都曾是指代酱油的名字。它的制作其实早在汉代即有，但是使用并不普遍，在烹饪界也无其地位。比如元代的《居家必用事类全集》作为指导人们日常生活的百科大全书，其中并未看到酱油的身影。明代的《本草纲目》是一本集大成的药物学、博物学著作，成书于1578年，其中单独介绍了"豆油"的制作方法，并介绍了它的药疗功能。时间来到明末1633年，戴羲所编的《养余月令》中记载了一款"南京酱油方"，工艺与传统的南京三伏酱油基本一致。

不过11年后，明王朝分崩离析，帝国繁华灰飞烟灭。新的时代，似乎也钟爱新的味道。调味品的江湖在清代发生了变化，酱油开始逐渐取代豆酱，成为新时代的明星，普遍出现在我国的厨房烹饪和日常餐桌中。而且自清代开始，古代的酱油制作技术不断发展，日趋稳定规范，形成春制曲、夏晒酱、秋出油的传统酿造工艺，为后续现代的酱油行业奠定了良好基础。

当时的华东、华南地区都是我国大规模酿造酱油的地方，地理气候适宜种植大豆，地方经济水平高，对酱油的需求量大，内因外因的双重条件推动下，使得这些地区的酱油酿造业发展迅猛，成为我国酱油的主要产地。除了"官酱园"之外，具有一定规模的"非官酱园"纷纷涌现。大墙门、阔天井、高柜台是当时酱园的典型制式，相当气派，形成了当时主流的前店后厂经营方式，如今很多知名酱油品牌的前身酱园也开始出现。乌镇、绍兴、杭州、佛山等地的酱油，都是当地的特产，也成为重要的流通商品，逐渐进入全国市场。

清朝的美食家袁枚在《随园食单》中描绘了不少用到酱油烹饪的菜肴，高达95次，可见酱油在饮食调味中的重要地位。而清代另一本饮食专著《醒园录》的作者四川人李化楠，不仅会吃，还擅长烹饪，他则详细记载了食物的烹饪保藏等技术，书中以"清酱"之名记录下当时的酱油制作工艺，这与今天的制作方法基本无异，而且首次出现了使用圆筒形竹编滤器来收集液体酱油的方法。清代开始，酱油广泛进入我国的餐饮系统，使用频率增加，使用范围扩大，酱油的种类越来越多，功能上不仅可以用来调味，还可以用来调色，成为风味复合的中餐宝藏。

到了民国时期，大兴实业救国，全国各地的酱园店顺势蓬勃发展，既有升级后的传统酱园，又有新建立的酱油工厂，同时由外资建立的酱油企业生产的"洋酱油"也开始在市场现身。传统的中国酱油生产过程中首先是大豆的前处理；然后豆与面粉混合，表面发酵产生霉变；在盐水中液态发酵，使得前一步的发酵基质进一步水解；最后的日晒数月，是优质酱油的保障。北京著名的"六必居"酱园，所指的"六必"正是酱业操作的基本要求："秫稻必齐、曲蘖必时、湛炽必洁、水泉必香、陶器必良、火齐必得"。新的酱油工厂在发展过程中吸收了先进的技术，种曲、制曲、发酵、消毒等环节都更加系统规范，使得我国的酱油企业进入新的阶段。

酱油发酵依赖多菌种协同作用，酱油风味成分组成也丰富多样，目前，已从酱油中检测出酯类、醇类、醛类、酸类等近 300 种风味物质。谷氨酸是鲜味的主要来源，另外，蛋白质水解生成有机酸，醇类与酸类相互反应生成酯类，具有丰富酱油风味、缓冲酱油咸味的作用。

酱油起源于我国，随着在周边国家传播发展，影响力越来越大。日本在明治时代把酱油带到万国博览会，一经推出就深受欢迎，开始向欧洲各国大量出口。明治维新前的日本和中国一样，都是由小型家庭作坊手工生产酱油，随着酱油供不应求，明治维新后日本引入西方机械，率先进入规模化量产时代，随后中国和韩国等国也陆续开始规模化生产，进入酱油制作工业化的新时代。

从豆腐变腐乳

约在战国时期发明的石磨，极大地提升了研磨谷物的效率和精细度，改变了商周时麦、豆整粒蒸煮的"粒食"传统。原本不易咀嚼的大豆，可以先磨碎后食用。于是从豆浆到豆腐，由一颗豆粒延展出的豆制品，有了更多可能性。

新鲜豆腐不易保存，发酵后的腐乳应运而生，再次完美解决储存问题。最早关于发酵豆腐的记载见于明代李晔所著的《篷栊夜话》："黟县人喜于夏秋间醢腐，令变色生毛，随拭去之。俟稍干，投沸油中灼过，如制徽法。漉出，以他物芼烹之，云有黟鱼之味。"

在清代的食品著作《食宪鸿秘》中，有关腐乳制作的论述更加详细。一年之中，春秋两季皆可制作，新鲜做好的豆腐切块架放在透风处，自然界中的毛霉、根霉、枯草芽孢杆菌登场亮相,"五六日,生白毛",长毛的豆腐块是第一轮自然发酵的结果;随后擦去毛翳,加入酱油、盐、红曲及各种调味料,入罐进入第二轮发酵。时间是最佳的发酵调味,"若封固半年,味透,愈佳"。

腐乳在发酵过程中,主要的营养成分蛋白质和脂肪被微生物分泌的蛋白酶、脂肪酶分解,脂肪被水解为甘油和脂肪酸,甘油进一步转化为有机酸;蛋白质则被水解为多肽、氨基酸等,其中谷氨酸和天门冬氨酸赋予腐乳鲜味。腐乳中的挥发性风味成分高达100多种,包括酮类、醇类、酸类、酯类、醛类、烃类等化合物。

根据腐乳发酵过程中汤汁的种类,腐乳可以分为红腐乳、白腐乳、青腐乳和酱腐乳。红腐乳的汤汁中主要包括水、盐、酒、香料和特色调味料(如红曲米),它们赋予了红腐乳独特的香气和红色外观;白腐乳后发酵的汤汁中不添加红曲米等着色剂,其外观颜色为淡黄色;青腐乳在后发酵过程中以低盐水为汤汁,使其在发酵过程中形成强烈的硫化物气味并使得内部颜色呈青色;酱腐乳的汤汁以酱曲为主要原料,赋予了腐乳酱褐色的外观和酱香。

根据是否有微生物参与,腐乳可分为腌制型腐乳和发酵型腐乳。腌制型腐乳由于没有微生物的参与,与发酵型腐乳最大的区别是质地粗糙、氨基酸等物质含量低。发酵型腐乳根据发酵菌种的不同分为毛霉型、根霉型和细菌型发酵腐乳。特别是毛霉在腐乳的发酵中起了重要作用,改善了豆腐的质地和风味。比如毛霉形成的菌丝膜,可以保持腐乳的块型;

发酵型腐乳分类	特点
毛霉型发酵腐乳	高蛋白、高脂肪、风味良好、质地细腻
根霉型发酵腐乳	其前发酵时可以耐37°C高温,但其氨基酸和风味物质含量低于毛霉型发酵腐乳
细菌型发酵腐乳	香气浓郁,但后发酵时间超过6个月,质地较差

发酵分解时产生的多种酶系,则可以促进腐乳色、香、味的形成。

除了常见的腐乳之外,油腐乳是云南、贵州两地常见的一种特殊的发酵腐乳。与其他腐乳相比,油腐乳具有以下特点:(1)油腐乳的豆腐制备是采用乳酸菌及其代谢过程中产生的酸为凝固剂,代替了常见的钙盐和镁盐进行点卤;(2)在后发酵过程中,以菜籽油代替水作为汤汁,提供了一种特殊的风味。油菜籽是我国云南、贵州食用植物油的重要原料,且菜籽油富含对人体有益且易吸收的不饱和脂肪酸(如亚油酸)和维生素 E 等。由于地区特殊的地理气候条件,形成了利于油腐乳发酵的独特微生物菌群,传统自然发酵制作的油腐乳质地细腻、风味丰富。

发酵豆制品的传播

豆腐的发明,是我国古代对食物的一大贡献,是大豆利用中的一次变革。我国的豆腐制作技术从唐代开始外传,首先传到的国家就是日本。日本比较流行的观点认为,豆腐是由鉴真和尚为首的东渡僧人于 754 年带入日本的,所以至今他们仍将鉴真和尚奉为日本豆腐业的始祖,并称豆腐为"唐符"或"唐布"。因为僧人不允许吃肉,豆腐丰富的植物蛋白质非常符合佛教寺院的要求,这也使得僧院成为豆腐制作技术的中心。除了豆腐之外,豆豉、豆酱、酱油等发酵豆制品也开始向日本传播,并受到认可。发酵豆制品在一个全新国家的发展,必然与当地的风土、自然、人产生新的关系,日本酿造人在中国豉、酱的制作基础上进行了调整与创新,首先发展出味噌这个新的品类,同时丰富了酱油的种类。真正的酱油批量生产始于江户时代,明治维新后,大规模的工业化生产成为可能,日本酱油工业成功将现代技术应用到传统酱油制作中。第二次世界大战后,日本酱油巨头龟甲万则成功将酱油带入美国市场。

我国发酵豆制品的传播影响力并不局限于日本,在朝鲜、越南、泰国、马来西亚、印度尼西亚,都能看到类似的豆类发酵品。由豆子转化的各种食物,曾经在西方世界被称赞为"不可思议的健康食物"。今天,因为微生物学的发展和更广泛地应用,神奇的豆类发酵食物,因为美味、健康、可持续,被美食界广泛追捧,上演新的传奇故事。

乳和发酵，游牧民族的礼物

在我们今天的生活中，乳制品十分常见，几乎每天都会出现在日常的餐桌上，比如早餐的牛奶、酸奶以及配餐的各种风味奶酪。然而乳制品和我们中国人建立真正亲密的关系，其实也就百年有余，放眼到更漫长的时间长河里，它像是熟悉的陌生人，需要一点点走近，慢慢地加深了解。

乳制品的食用史

在整个人类世界中，据考古推断，乳制品出现在1万年前的中东地区，牧民们生产、存储、运输各种乳制品。在大约3000年后，一个单核苷酸的基因突变在欧洲悄然发生，使得人类体内能够产生乳糖酶分解乳糖，古老的欧洲人开始喝牛奶，而这种对牛奶的适应能力也为欧洲人提供了新的营养来源。与之相对，亚洲大陆上普遍可以分解乳糖的成年人，主要集中在中亚的游牧民族。他们骑马纵横于草原，以乳、肉为主食获得身体所需的高能量，抵御冬季草原上的寒冷。而伴随着游牧民族的流动性，他们不断向东游走，足迹渐至蒙古高原东部、新疆西部等地区。这些在中原汉人眼中的北方游牧民族，比如匈奴、突厥、契丹、柔然、女真、鞑靼等，无论是哪个称呼，他们都在相当长的一段历史时期中，与中原的汉族处于相互交织、影响、冲突、交融的复杂关系中。

从古代中国的历史著作中找寻乳制品的线索，会发现它在中华大地上的发展伴随时代的演进有着不同的角色与地位，也见证着民族文化之间的交流融合。远古时期，牛、马、羊已经被居住于中原地带的我们的祖先驯化成为家畜，主要是为生存提供肉食。在奴隶社会的殷商时期，牛、马从人们的肉食来源变为主要的畜力。西周时期，乳制品出现在礼仪祭祀之中。

秦汉时期，中原进入大一统时代，北方游牧民族时有来犯，双方既猛烈作战，也偶有商贸交流，游牧民族的饮乳风气因而被汉人略知一二，《汉书·西域传》中记载，北方民族"以肉为食兮以酪为浆"。魏晋南北朝时期，政权交替，战乱频繁，民族融合异常活跃，尤其是在游牧部落侵入后所建立的王朝所统治下的北方区域,乳制品在汉人的饮食文化中有了更多的出现。北魏的《齐民要术》中,作者贾思勰不仅从选种、放牧、喂养、治病等方面对于羊马犊的养殖技术有详细的记载,还介绍了多种酪的加工技术。酪类似今天的酸奶,呈液体状态,晒干可制成干酪,用布袋过滤则称作湿酪。中原地区的汉族人很少直接饮用纯乳,由于人种乳糖不耐受的身体原因,会造成腹泻等身体反应,于是从游牧民族习得发酵乳制品成为不错的解决方案。但当时的南方,地理气候条件决定畜牧业无法大面积发展,乳品的日常饮用自然很难形成习惯。

进入辉煌的唐代,一切都是崭新的面貌。开放的唐王朝使得古代中国进入经济、政治、文化高度发展的顶峰时刻。开创唐代基业的李氏家族从陇西崛起,本就带着游牧民族的血统,他们高大伟岸,骑马善射,引领着开放多样的饮食习惯,人们对乳饮及相关乳制品的接受度也越来越高。唐代甚至在太仆寺下设典牧署,"掌诸牧杂畜给纳及酥酪脯腊之事",部门专门安排了70多个人负责酪的加工。《旧唐书·地理志》记载,奶酪等乳制品是唐代边疆少数民族朝贡唐朝皇室的贡品。皇室热衷,贵族自然追捧,乳制品被奉为珍贵美食,成为贵族宴请时的珍品。此外,乳制品常被用于药用,唐代著名医学家孙思邈的著作《备急千金要方》中记叙了关于多种乳制品的制作方法,唐代药学家陈藏器也在他整理的《本草拾遗》一书中把水牛乳列为医疗滋补食物。除了酪之外,各类古籍文献中还出现了酥、醍醐、乳腐几种乳制品。唐朝时期大兴佛教,印度的《大涅槃经》传进中国。这部佛经第十四卷《圣行品》中有关"醍醐"的文字为:"譬如从牛出乳,从乳出酪,从酪出生酥,从生酥出熟酥,从熟酥出醍醐,醍醐最上。"印度的乳制品起源十分久远,在印度教的经文中将太阳、月亮和星星的诞生地描写为牛奶的大海,因为在古老的印度文化中牛奶是无尽的营养及生命的源泉。从魏晋南北朝开始到隋唐时代,都是佛教在我国鼎盛发展的时期,大量佛经的翻译让普罗大众对于乳制品不再陌生。两宋时期,南北对峙,但并未影响乳制品在人们生活中的传播发展。据《宋史》记载,宋代延续了唐代设立乳制品专门生产机构的制度,《职官志》记有:"牛羊司乳酪院,供造酥酪",负责奶畜的饲养管理和奶油以及干酪等乳制品的制造。

茫茫漠北草原之上,成吉思汗弯弓射大雕,征战多年后于1206年统一蒙古草原。自此之后他挥军南下,骁勇铁骑势如破竹攻灭西辽、西夏、金朝、大理等政权,最终在1279

年攻灭南宋流亡政权,建立的元朝也是首次由少数民族组建的大一统王朝。蒙古族一直居于草原,逐水草而居,世代过着游牧生活,各种乳制品是他们日常生活中获取能量的重要来源。著名的旅行作家马可·波罗,和他的父亲及叔父在1275年的夏天到达元朝的上都,并在中国居住了17年的时间,他在《马可波罗游记》中记载:"……这个军队必要时可以连续行军一个月,全赖干燥乳制品充饥。" 除了乳酪制品之外,马奶酒也经常出现在大战之后的欢聚宴会上,马可·波罗记载的蒙古人"嗜饮马乳,其色类白葡萄酒,而其味佳,其名曰忽迷思。"这是蒙古人最爱的饮料,它的制作依靠骑马民族古老的酿造技艺,将马奶装入大的马皮袋中,少量酸奶当作发酵引子,然后用长木棍持续敲打,直至三四天后马奶酒发酵即成。马奶中蛋白质含量低于牛奶,但乳糖含量较高,发酵过程中乳糖被转化为乳酸并发酵成酒精。酒精含量类似今天的啤酒,但蒙古人大爱马奶酒,每饮必大醉。元代人所推崇的"迤北八珍"中醍醐(奶酪)、驼乳糜(骆驼奶粥)、紫玉浆(羊奶)、玄玉浆(马奶子)都与乳制品相关。蒙古族的游牧饮食习惯,必定深深影响着中原汉族的饮食结构,这一阶段成为重要的改变时期。

明朝中央政权再回汉人手中,前朝饮食文化中的乳制品不曾消失。文人墨客中有它的拥趸,比如著名文人张岱,嫌弃外面买的乳酪"气味已失",于是自己养了一头牛,变着花样地制作各种乳制品。这时期乳制品也出现于食疗书籍之中,强调其医疗保健的作用,著名医学家李时珍在《本草纲目》一书中就曾提及,明代的《饮馔服食笺》进一步重申了饮用乳品的利处。但是尽管如此,其实直到晚清,中国人也依然没能形成直接饮用牛奶的习惯。这就是前面提到的乳糖不耐受,很多中原地区的汉人不能像游牧民族一样消化吸收牛奶中的乳糖。所以清朝建立后,牛奶仍然是皇宫中皇宫成员们的奢侈食物。故宫博物院藏有一只乾隆御用宝碗,内有乾隆绝句:"酪浆煮牛乳,玉碗拟羊脂。"为了满足清朝皇室喝牛奶的喜好,紫禁城西华门外组建了内牛圈、外牛圈、三旗牛羊群牧处这三个牛圈。即便如此,因为牛奶产量低,也是供不应求。

1840年的鸦片战争之后,古老中国的大门被逐渐打开。上海作为我国最早的通商口岸之一,上海人喝牛奶、生产乳制品的历史自然也是很早的。伴随着1869年苏伊士运河通航,原产于英国的爱尔夏牛远渡重洋,成为首批进入上海滩的乳用牛种。随后,原产于法国东南部的红白花牛也被法国侨民带入上海。1901年时，徐家汇天主堂修女院又从荷兰引进了一种"黑白花奶牛"，这也成为后来上海荷斯坦牛的最初源头。外国资本竞相在我国开办乳牛畜牧和乳产品加工厂，并于1923年成立上海牛奶业同业公会。工业化、标准化的乳制品产业浪潮，也促进了我国近代牛奶工业起步。1949年后，乳品行业持续发展，特别是在改革开放以后，在政府与行业的持续宣传教育之下，经过漫长的发展期，我国消费者对乳制品的认识逐步增强，乳制品的生产量与人均消费量都在逐年大幅增长。

以发酵应对乳糖不耐受

对于乳糖不耐受的人来说，发酵乳制品是最佳的选择。乳制品经过发酵之后，既降解了乳糖，又增加了风味，同时延长保存时间，能够经受长时间的运输。今天云南大理地区的乳扇以及香格里拉地区的奶酪，都曾经是茶马古道上马帮们喜爱的食物和商品。我国的乳制品发酵从何时开始？2024年9月，我国的科研团队在国际著名学术期刊《细胞》（Cell）上发布研究结果，经我国科学家多年的研究，鉴定在2003年新疆小河墓地出土的女干尸上的淡黄色块状物，被证明是开菲尔奶酪。这些奶酪块距今已有3500年之久，鉴定发现了丰富的、与发酵相关的微生物群落，这也直观地揭开了新疆小河居民对发酵微生物的应用驯化和传播交流历史。除了考古证据之外，我们还可以通过丰富的史料记载，了解乳制品发酵的时代痕迹。在欧洲，古罗马人不喜欢喝新鲜的牛奶，但他们不论各阶层的人士都钟爱奶酪。从古罗马作家普林尼和科卢梅拉的关于奶酪制作的文字记载中，我们知道欧洲人很早就了解到凝乳酶的作用，取材于植物界特殊植物的花、种子、枝条，都可以完成凝乳功能。在古代中国，酪的制作历史悠久，从北魏开始直至清朝。而类似于奶酪的食物乳饼，首次出现是在南宋绍兴年间的《山家清供》中，作为一道凉面"自爱淘"的配菜，与豆腐一同出现。元代的《居家必用事类全集》详细记载了"酪和干酪"的制作方法，同时介绍了"乳饼"是如何制作而成的，当时的人们已经巧妙地利用醋作为凝乳酶，而且制作方法与今天云南乳饼的制作方法并无太大差别。

15—17世纪的地理大发现时代，欧洲人驾船旅行探险，他们发现新的大陆，也发现不同地区的奶酪尽管制作方法相同，但风味却并不相同，制作的技术和时间、奶源动物的品种与饲料、本地的风土特性，都共同决定了奶酪的味道和质地。据说全世界的人消费着

400多种不同类型的发酵乳制品,它们的发酵转化包括乳酸菌类(如酸奶)、酵母菌和乳酸菌类(如开菲尔)、真菌和乳酸菌类(如奶酪),正是由于本地微生物的参与作用,才形成了发酵乳制品不同的风味。今天在我国,除了内蒙古、新疆、黑龙江、河北等几个主要奶源地区,在西南的云南,大理、石林独特的地理环境和气候条件为优质奶源提供了得天独厚的条件。而山高水长,交通不便,传统又古老的乳饼制作方法在元朝大军征服大理国之后,恰巧被很好地保留下来。

微生物的奇迹

人类饮用牛奶的历史虽然悠久,但因为鲜牛奶的保质期短,牛奶的运输半径一直比较有限,很长一段时间,只有具备畜牧条件的地区居民,才有可能大量饮用鲜奶。伴随着微生物学科的发展,人们了解了乳制品易腐的原因,并找到了解决方案。1862年,法国生物学家路易斯·巴斯德首先揭示了发酵的原理,都是由于微生物的作用,他发现用加热的方法可以杀灭那些让葡萄酒变酸的乳酸杆菌,开创了巴氏杀菌法。到了1886年,德国农业化学家弗朗茨·冯·索格利特根据巴斯德的理论,将这种看似简单但却有效的灭菌方法运用到了牛奶领域,只需将牛奶加热到60℃,保持30分钟后倒入无菌容器中,就可以确保牛奶的食品安全。

与新鲜蔬菜一样,牛奶中包含着大量的微生物,人们利用有益的微生物,比如干酪乳杆菌、保加利亚乳杆菌等,通过发酵将容易腐败的新鲜牛奶转化为奶酪、黄油、酸奶。今天风靡全球的保加利亚酸奶,也与巴斯德有着千丝万缕的联系。在1888年,巴斯德邀请免疫学之父伊拉·伊里奇·梅契尼科夫到巴黎学术研究,正是后者将乳酸发酵和身体健康建立起紧密的联系。梅契尼科夫通过研究发现肠道里的有害菌群是加速衰老的原因之一,他还认为喝酸奶的方式或许可以在肠道中培养"益生菌"。敏锐的商家们抓住了这个信息,正值20世纪初,酸奶工业化生产慢慢成熟,自此,在全世界范围内开启了保加利亚酸奶备受追捧的热潮,一直延续至今。

酸奶通过发酵,不仅解决了运输的难题,还让乳糖不耐受人士可以无压力享受奶制品丰富的营养,而丰富的益生菌,使得人们因为健康原因更加钟爱它。所有这些,都是那些看不见的微生物完美的作用所造就的奇迹。

蔬菜的新鲜魔法

发酵,就像让蔬菜重生的秘技,既保存了蔬菜鲜亮的色彩,也转化出它脆爽的口感,绝对算是食物保存界最闪亮的明星。蔬菜发酵的制作历史古老而悠久,在各大洲都有其活跃的身影。欧洲大陆很早就喜欢用圆白菜、黄瓜进行发酵制作,在寒冷的欧洲北部,这是冬季维生素C的重要来源;木薯是非洲大陆广泛种植的作物,非洲人利用发酵去除木薯粉毒性,制作传统的木薯饭;在亚洲,发酵蔬菜的种类更为繁多。拥有不同文化背景的人们发挥灵感,将土地上种植的各种蔬菜创造出丰富多样的发酵蔬菜,滋养着人们的日常生活。

菹,保存蔬菜的绝招

蔬菜发酵在我国的历史尤其悠久,在古老的《诗经》中最早出现它的记载,用的字为"菹(zū)"。在古代文献中,汉代以前"菹"通常指的是腌渍食物,在汉代以后就特指腌渍蔬菜。在公元2世纪的《释名》中给出"菹"的解读,"就是阻,即阻止腐败之意"。古人虽并不知道发酵蔬菜背后的原理,但通过细致的观察,了解了它的规律,得出通过合理的保存方式可以有效抑制蔬菜变质的经验。

到了北魏时期,贾思勰出版的《齐民要术》中已经记载了多种日常保存蔬菜的方法。我们会发现古人针对不同种类、不同地域的蔬菜,归纳总结了不同的加工及保藏方法。比如在冬季寒冷的黄河流域,可以通过地窖保存。而利用发酵的腌渍方法则是更为普遍的做法,盐是一种重要的原料,现在无从得知古代人是如何发现用盐可以腌渍蔬菜得以保鲜的,不同的含盐量造就不同的分类,加盐的称为"咸菹",不加盐的称为"淡菹"。不加盐时,可以利用稻米曲、酒糟、酱几种不同的原料,引入微生物的作用,来进行腌渍发酵,最后形成不同风格的成品。制作时间一般都在秋末开始,收取新鲜蔬菜后要先进行前处理,有的是用开水漂烫,有的是用盐水浸泡,腌渍3~7天即可食用,在罐内适当封存,可在一整个冬天提供鲜脆的蔬菜,时间最长甚至能保存到翌年春末。

蔬菜主角的时代演变

在贾思勰记录的制作发酵类蔬菜的品种中,可以看到今天依然活跃的主角,如萝卜、蕨类、姜和白菜等绿叶菜。随后的几个世纪里,发酵蔬菜的制作方法基本稳定,变化则出现在蔬菜的种类上。在宋、元两代的古籍记载中,多了竹笋、茄子、胡萝卜的身影。"笋"是一种历史悠久的食材,早在《尔雅》和《说文解字》中,笋就已经出现,成为当时非常重要的宴会菜品。今天在云南和贵州,无论是傣族还是布依族,都保留着丰富的酸笋制作习惯。发酵后的酸笋,去掉了竹笋的涩味,呈现出新的风味,无论作为火锅底料的绝佳汤底,还是搭配鱼肉、牛肉,都极受食客欢迎。而茄子和胡萝卜,完全见证着时代的变化,随着蔬菜品种的不断引入,全新的食材也成为蔬菜发酵的新主角。茄子的原产地在东南亚,西汉时引入我国,直到宋代才广泛种植。特别是在元代,茄子这种易保存的产物,成为非常受欢迎的蔬菜。《王祯农书》说:"茄视他菜为最耐久,供膳之余,糟腌豉腊,无不宜者,须广种之。"在《居家必用事类全集》中,分别记录了糟、酱、腌等五种茄子处理方法,配合蒜、芥末等进行不同风格的调味,寒冷的冬季里,古人的餐桌上少不了茄子的味道。到了清代,茄子则更为日常。而在中原地带,茄子为原料的发酵制作渐渐退出,反倒是在今天云南低海拔地区,还有老一代的手艺人坚持制作茄子鲊,这种有着悠久历史的发酵蔬菜食物。

如今在云南和贵州两地的发酵蔬菜中,辣椒无论是作为重要的调味料,还是本身为主要原料,出现频率都相当高。然而辣椒在我国的食用历史还不到400年。在这不得不提伟大的地理大发现时期,美洲的食物对全球产生了深远的影响。1492年哥伦布发现新大陆后,许多美洲的食物、农作物被带到了欧洲,并逐渐传播到世界各地,不仅丰富了全球的饮食文化,还在一定程度上改变了人类的饮食习惯和生活方式。美洲粮食作物玉米、番薯、马铃薯抗逆性非常强,耐寒、耐旱、耐瘠,非常适合云南、贵州这类山区种植,也为云贵两地明清两代移民人口的激增提供了有力的粮食保障。辣椒,自清康熙年间传入贵州,并迅速扎稳根基,深深改变了贵州人的饮食口味与习惯。随后番茄的出现,结合本来特殊的地理气候特点,又将酸的基调赋予了贵州这片土地。

除了原料的丰富,制作方法的变化则出现在明代。与《齐民要术》中不同的是,明代之后的文献中,利用曲类淀粉质进行蔬菜发酵的方法逐渐消失,直到清代,就基本退出了中原地带的蔬菜保藏制作习惯,而酱渍、酒糟渍的技术则更为精进。与之相对,反倒是在今天的贵州,仍旧保留了利用稻米曲发酵蔬菜的方法,这首先与贵州少盐有着强烈的因果关系,另外贵州偏远的山地民族,也有着很好的稻作生产系统,利用稻米的微生物发酵,也是他们多年习得的生存智慧,并未受到中原地带的影响。

乳酸菌的惊喜

几千年过去了,现代的腌菜制法,基本与古法类似。与所有的发酵一样,蔬菜发酵也依赖于微生物的作用。发酵如何产生?首先在各种蔬菜上都带有或多或少的乳酸菌,无论是长在深山里的竹笋,还是在城间菜园里的青菜,都有这种神奇微生物的存在。当腌制蔬菜时,用瓮或缸将它们压得很紧密或用液体浸泡,里面空气很稀少,氧气也很少,在这种环境中,乳酸杆菌通常比其他细菌繁殖得更迅速,加入盐后可促进细胞内的碳水化合物渗出细胞,而这些碳水化合物可以进行轻微的发酵,为乳酸菌提供养料。

科学研究发现,乳酸菌几乎不能分解纤维素和蛋白质。乳酸发酵使食物的酸度增加,一些起腐败作用的细菌则不容易繁殖,所以食物能长期保存。由于酸的作用,原有蔬菜的感官特性改变了,组织结构变得更易于消化了。

乳酸发酵好似盛大的乐队演出,乳酸菌负责指挥,在合奏阶段,其他细菌比如酵母菌、醋酸菌等微生物通过发酵,产生乙酸、乙醇、甲酸等,产生气泡,并提供独特的风味,味道浓郁,脆爽可口。而过度酸化的环境下,其他病原菌无法生存,也就使得蔬菜可以储存较长时间,不易腐败。发酵过程可以延缓维生素C的流失速度,因而在库克船长进行航海探索的时候,正是成桶的酸菜,使得船员避免了被坏血病(维生素C缺乏症)夺去生命。

蔬菜发酵在漫长的人类文明发展中,一直伴随着时代的演进。与其他很多传统发酵食物一样,发酵蔬菜一面活跃在人们日常的生活中,一面也在工业流水线上被标准化、规模化。今天我们追求传统蔬菜发酵带来的丰富多样的迷人口味,而这正是看不见的微生物给予的神奇魅力。

Chapter 3

多样云南 多样发酵

当元王朝在元十一年（1274 年）设立云南行中书省，"云南"正式作为滇域的名称被确定下来。何为云南？一说是云岭之南，一说是南边的云下之城，还有"梦幻的彩云之南"之说。今天来看无论是哪个原因，都给这片土地定下了梦幻神奇的基调。在距今 6500 万年的印度洋板块与欧亚板块碰撞时，历经挤压、变形、隆起等缓慢又连续的地质变化后，青藏高原及其东部的云贵高原大幅抬升，使得云南拥有了如今令人称奇、立体多样的地理面貌。

云南的西部在强大的地质构造力量下，形成了著名的横断山区，耸立着云岭、怒山和高黎贡山，高山峡谷间奔腾着三条重要的河流，分别是金沙江、澜沧江和怒江。这里雪峰连绵，5000 米以上的高山顶部常年积雪，梅里雪山、白马雪山、哈巴雪山、玉龙雪山，高耸入云，纯净而旷远。山岭和峡谷相对高差巨大，形成奇异、雄伟的山岳冰川地貌。山势随海拔降低，苍山、哀牢山则苍翠丰富，抵挡寒冷的空气，滋养坝子里的生活。东部为滇东、滇中高原，是云贵高原的组成部分，平均海拔在 2000 米左右，有着各种类型的喀斯特地貌，深沉的红土地块，其间高原湖泊星罗棋布，散落着平坦富饶的坝子。立体的地形，形成海拔与气候的阶梯性大跨度。梅里雪山主峰卡瓦格博峰最高点海拔 6740 米，在河口县境内的最低点海拔仅为 76.4 米，两地直线距离约 900 千米，海拔相差 6000 多米。从青藏高原的高山高原气候到云南南部的热带气候，一省之内，汇集了从热带、亚热带、温带、高山寒温带等多种气候特点，这也造就了云南绚丽的山川风物、丰富多样的人文组成。

多样，是云南的一个重要关键词。高原、峡谷、盆地、雪山、湖泊……这里既有我国境内最低纬度的冰川，也有终年积雪的雪山，火山群与热气田终年蒸腾，地下岩溶与河湖瀑泉相互交融。复杂的地质构造使得滇西北高原成为世界上最重要的动植物模式标本的产地,拥有植物王国动物王国基因宝库"的名号。云南共有 25 个少数民族，早在氏族社会时期，云南就生活着羌、濮、越三大族群，他们是云南最早的先民，经历代不断迁徙，才逐渐稳定下来，他们有着各自特有的生活方式，有的居住在平坝，农耕四时，稻作为生；有的居住在高山，耕牧结合，生产生活与自然紧密相连；有的则生活于热带雨林，种植业相当强盛。多样的民族文化，极具特色的作物种植，深厚的人文历史，使得云南各地具有丰富多样的食材和饮食习惯。

摄影 老庄

云南的发酵食物与发酵技艺，同样呈现出多样性的特点。地理环境和气候特点造就了当地特有的微生物菌群和发酵特性。而不同地区的物产条件和世代延续的民族习惯双重叠加，又再度为云南本地的发酵食物带来无比丰富的创造性，造就了各区域各具特色的发酵食物。食物是人类赖以生存的基础，在此基础上才有人类古老保藏技术——发酵的介入。从目前的考古及文献资料来看，云南古代主要的农作物种类有稻、粟（小米）、黍（黄米）、小麦、大豆、荞麦等。目前在云南发现最早的稻作农业来自大理宾川白羊村遗址，遗址浮选发现大量的炭化稻米。白羊村遗址的年代为距今4500年，说明早在4500年前，滇西的古代先民就开始种植和食用稻谷。唐代的樊绰在《云南志》"云南物产"篇提到，本地人"酝酒以稻米为曲者，酒味酸败。" 滇西坝子早有用稻米酿酒的传统，只是技术水平一般。云南的山地民族众多，哈尼族、傣族、佤族、布朗族等，都在有限的山地中开垦水田，种植稻谷，有着在丰收之时酿酒欢庆节日的传统；地处青藏高原南缘的迪庆藏族自治州，海拔高，气候寒冷，更适合种植青稞，自然酿出藏族传统的青稞酒；玉米、马铃薯等美洲作物在明末清初传入云南，由于这两种作物对土壤的适应性强，适于低温气候及高原或高山区，这种生长特点与云南山多田少、山地瘠薄及干旱少雨的地理气候相适应。清中期，云南绝大部分地区都已种植玉米和马铃薯，逐渐取代了山区原有的荞麦、高粱、燕麦等作物。与之相对应，以玉米为主原料的苞谷自烤酒，在云南各地出现。发酵总是随着时代在演变，欧洲传教士进入藏族聚居区传教，沿着茶马古道一路前行，茨中、盐井、芒康、林芝……葡萄的根条被插入高原之地，连同葡萄酒的味道和酿造技术被保留下来，奔腾不息的澜沧江和高原雪山融水为这来自异域的植物提供生生不息的养分，酿出的美酒继而成为高原风土的风味馈赠。

发酵饮料的世界无比丰富，可以含有酒精，也可以不含酒精。在云南这片土地上，茶的种植历史古老而悠久。古代云南是濮人的栖息地，他们居住于怒江中游、澜沧江中下游，是今天布朗族、德昂族和佤族的先祖，很早就开始驯化野生茶树。他们以茶树作为图腾来崇拜，视茶树为自己的保护神和始祖神，认为这神奇的绿色树叶是上天恩赐的礼物。在云南的深山密林里，这些古老的先民们建造村寨，又在寨子周围种植茶树，凭借世世代代的生活智慧，摸索出在高大乔木下种植茶树的经验，形成林茶共生、自然和谐的生活方式。今天云南的古茶树资源总分布面积约为329.68万亩（约2193平方千米），总量高达103.8万株，排名全国第一。人在草木间，云南茶的背后是种茶、制茶、运茶、卖茶、饮茶的人，整个茶生态都在历史的长河中生长、交融，并随之变化。

云南本地茶从最初的"采造无法"，到今天经过精妙渥堆发酵出普洱茶，成为备受追捧的超级饮品。发酵普洱茶是一段近代的故事，而德昂族和布朗族的酸茶却是一个古老的发酵传奇，利用竹子、陶坛、芭蕉叶、蚂蚁土，结合本地独特的气候条件和看不见的微生物菌群，发酵转化，让清新自然的茶树叶片拥有全新的味道，伴随着这些民族的延续与发展，流传至今。

与茶相比，咖啡算是个云南"新移民"，却爆发出巨大的能量。1904 年，法国传教士在云南大理白族自治州（简称大理州）宾川县的朱苦拉村种下咖啡树的时候，不会想到百年以后，咖啡树在云南的阳光雨露下茁壮成长，成为云南农产品接轨国际的主要品种之一，支撑着庞大的产业。咖啡的种植只是第一步，咖啡豆的处理决定了咖啡风味的走向。发酵再次登场，利用微生物来形成风味，虽然我们无法显而易见地看到，却能够从一杯咖啡中品味到咖啡豆在发酵发挥作用后的奇妙结果。

发酵，是人类古老的食物保存手段，却也是产生新味道的制作魔法。比如，或浓或淡的"酸"味。云南人的口味与发酵产生的酸有着无比紧密的连接。蔬菜，可以再度焕发新生，成为云南人餐桌的主角，成为一道寄托乡愁的酸腌菜。云南十八怪之一，"出门爱带酸腌菜"，在云南人心中，集合酸、甜、咸、辣、鲜的酸腌菜正是滇味的灵魂。行走在云南这片热土上，无论滇西的弥渡、巍山，还是滇中的新平，滇南的腾冲、景谷，都有各地的酸腌菜，做法差距不大，选本地产的大叶青菜，精心制作，腊月的冬日暖阳下入坛发酵，时间里收藏的是本地风的味道、阳光的味道，以及特有的微生物菌群赋予的惊喜。

除了蔬菜，肉也同样可以发酵。少数民族众多的云南，各民族都有自己的肉类饮食偏好，同时也依托于本地的物产特点。云南火腿，想必大家都不陌生，但除了名声在外的宣威火腿、诺邓火腿，鹤庆、永胜、禄劝、师宗、无量山，都有本地的名产火腿。散养走地良猪，体质强健，肌与肉生长合理。云南气候多样立体，地理、海拔影响着温度与湿度，本地的火腿手艺人深深了解这些特点，总结出自己的制作腌制发酵经验。每年冬季把年猪杀好，这可是腊月的一件大事，精心制作，最后则交给时间。一年为新腿，两年称老腿，三年左右才可"生食"。有食客心说那来个"十年腿"，手艺人会真诚地告诉你，时间并非越长越好，毕竟发酵的精髓也在于精准的控制，懂得在合适的时间结束，才是高手。

火腿的发酵集中在云南纬度较高、海拔较高、年平均气温相对较低的北部区域。到了纬度低、海拔低、地处热带的云南南部，肉也要发酵，却完全是另一番面貌。西双版纳是一个以傣族为主，包括哈尼族、拉祜族、布朗族、基诺族等20多个民族的聚集区，稻作条件优越，农产品、畜牧业丰富，食物的利用及制作方法更为多样。鱼肉，利用糯米饭产生乳酸菌发酵进行保藏，是一种非常古老的加工方式，我国的"辞书之祖"《尔雅》中就有提及。在宋代以前"鱼鲊"都是我国的主要调味食物，随着发酵豆制品的崛起，渐渐淡出中原地区的餐桌。但云南南部这样拥有闷热潮湿的天气，稻作系统发达的地区，简直就是乳酸肉类发酵的天堂。除了鱼，猪肉、牛肉也可做酸肉，夏天的时候一周即成，酸酸爽爽，复合鲜香，是餐桌上必不可少的开胃好菜。

大豆在我国的种植历史悠久，云南大豆的种植也相当普遍。特别是在明清两代，中原人口大量涌入云南，对土壤要求不高的豆类在云南土地上被大量种植。日本人类学者鸟居龙藏在《西南中国行记》一书中记录，1902年12月在通海看到蚕豆正值花开季节，印象无比深刻。豆类加工自然与云南人的日常饮食有着紧密的关系，除了我们熟悉的豆类发酵调味品酱油，云南的传统发酵豆制品还包括豆豉、豆酱、腐乳、臭豆腐等。这些豆类发酵制品都与地方、民族等特色结合，展现出令人惊叹的丰富多样性。

豆腐的存在，给了乳制品一种新的灵感呈现方式。在我国古代三种发酵乳制品分别是酥、醍醐、乳腐。其中的乳腐的形状和豆腐相似，只不过是由乳制品进行制作，利用天然形成的乳酸凝固作乳团，然后用石头压制定形。在1253年，忽必烈的蒙古大军渡过金沙江击败大理国的段氏政权，将大理带入中原政权辖区之下，或许也影响了大理乳制品的食用习惯。云南十八怪中，"牛奶做成片片卖"，讲的就是大理的乳扇。大理洱源县的邓川镇素有"乳牛之乡"的美称，在没有冰箱的年代，邓川的白族人通过制作乳扇保存牛奶。在云南石林居住的彝族撒尼人，大理剑川的白族人，虽然地区不同，但食用乳饼的历史都很长，乳制品做成饼状，保存的时间更长，而且便于携带。无论是乳扇还是乳饼，自然发酵的酸浆是制作的关键。而到达海拔更高的迪庆藏族自治州，高原牧场下牦牛成群，由牦牛奶制成的酥油、奶渣，是牧区藏族人民每天必不可少的传统食物，制作的妙诀依然少不了发酵酸浆的身影。

云南地理、民族、文化的多样性，决定了云南发酵的多样性，它是如此丰富多彩，令人着迷。在经济不发达的年代，家家户户有腌坛、腌缸，丰收的时节，酿下一坛新米酒；腊月杀了年猪，很重要的事就是制作火腿、吹肝……如今家里已经不常做了，再要寻找这些发酵食物，要到热闹的集市里。

汪曾祺先生说："到了一个新地方，有人爱逛百货公司，有人爱逛书店，我宁可去逛逛菜市。看看生鸡活鸭、新鲜水灵的瓜菜、彤红的辣椒，热热闹闹，挨挨挤挤，让人感到一种生之乐趣。"赶街（gāi），是云南方言赶集的意思。这些街子天是云南风土的最佳舞台，在喧闹的城市街道、偏远的村寨之间，人们热爱赶街，尽管时代在变化，本地的物产、手艺人的技艺、发酵的味道，都可以在此寻见。发酵，保护着本地的微生物，带来更健康美味的食物，也体现着过去的时间故事，换句话说，也正是打开云南本地的一把神奇的钥匙。不如，这就开始。

摄影 边边

把云南，酿在酒里

青稞酒　苏里玛酒　葡萄酒　小曲清香白酒与各民族糯米酒

自然界的发酵无处不在，属于必然，然而酒的产生，却始于偶然。人们迷恋这让人沉醉的时光，享受这特殊仪式中令人心跳加速的神秘物质。

酿酒，永远依赖着土地的种植，与人们的采集、加工、制作、买卖、消费的方式密切相关，它不仅事关味道，更是人们生活的艺术，承载着特有的风俗习惯、节庆庆典、风土文化，讲述着时间的变化，演变为独特的文化记忆，代代相传。

地处青藏高原南缘的迪庆藏族自治州，高原腹地的香格里拉市，遍种青稞，酿出藏族传统的青稞酒；云南地处低纬度高原，日照充足，昼夜温差大，有利于葡萄糖分积累和风味物质形成，当年随欧洲传教士而来的葡萄酒，迎来全新发展，成为高原风土的风味馈赠；纳西族、普米族、傈僳族、拉祜族皆为古氐羌族的融合与分支，从青藏高原南下的他们，改变了游牧民族的生活方式，却保留着古老的酿造仪式，在每个火塘高歌时，吟诵祖先的游牧故事；风花雪月的洱海畔，大理人酿酒的传统自南诏国即有之，平坦丰饶的坝子，农作物种植多样，世居于此的白族人与中原文化交流颇多，酿酒技艺日渐精湛，稻米、小麦、玉米皆可用来酿酒，更将洱源产的青梅入酒，奉上一杯风味十足的雕梅佳酿；穿越北回归线，气候与植被皆不相同，温暖的气候、充沛的水源，傣族、彝族、哈尼族等山地民族在丰收的季节用稻米酿酒，素有"水一样的民族"称呼的傣族，家人朋友团聚之时，高呼着"水水、水水水"的敬酒干杯词，一饮而尽，庆祝这欢乐的时刻。

西南大地，云贵川三省。当下的云南似乎缺少自己的高度酒代表，但遍地的苞谷酒却是各家各户的特色。1531年玉米传入我国，最早记载于明朝嘉靖三十四年（1555年）成书的《巩县志》，称其为"玉麦"，但种植并不普遍。到了清嘉庆、道光时期，随着大量外省人涌入云南，主粮需求激增，而云南特有的多山环境，以及不适合稻作种植的气候条件，使得玉米的种植也进入了高潮时期。当时清廷大员林则徐在保山看到玉米种植"自半山腰中，下至临江间"，而在云南曲靖府宣威州"苞谷，熬糖、煮酒、磨面，功用甚大，宣人仰为口粮大宗。"所以，苞谷酒在云南的历史并不算长，距今不过200余年。据《大理风物志》记载，唐贞观年间，鹤庆就有"乾酒"作坊，而较为确定的说法是，"鹤庆乾酒"始创于明代嘉靖年间。明代崇祯十二年（1639年）正月末，徐霞客来到鹤庆考察，借宿逢密村陈生家，"陈生取酒献酌"。徐霞客喝到的很有可能就是"鹤庆乾酒"。清代檀萃在嘉庆四年（1799年）成书的《滇海虞衡志》中写道："鹤庆亦出酒，其味较汾酒尤醇厚。"今时作为生产小曲清香型白酒的典型省份，云南统计年产量达到60万吨以上，独占全国小曲酒总产量的三分之一。

人类无论生活在何时何地，都喜爱聚集在一起，举杯分享。每种文明都有自己的发酵酒饮，在微生物学科尚未诞生之际，人类把偶然发现的酒视作被神赐的礼物。酒，被视为人神相通的通道。敦煌出土的古藏文写卷《苯教丧葬仪轨》，是目前所知唯一一篇较为完整地记述吐蕃王室苯教丧葬仪轨的文字史料，其中就记载了供酒的使用仪轨，"献最后一瓢酒时供上各种供品，最后供上一瓢小麦酒、一瓢葡萄酒、一瓢米酒，此后秘密地用钉耙埋葬谷物。"体现了当时酒供的地位。

酒，出现在人生历程的各个阶段性仪式中，许多民族在仪式中用酒来作为象征的标志，新生、婚礼、丧礼……酒是不可缺少的重要存在。在云南的少数民族地区，饮酒，几乎都离不开火塘，火塘文化和酒文化在民族文化中是两种相伴共生的存在，展示出浓郁的地域文化特色和迷人的民族文化光彩。酒意阑珊，老人开始用本民族语言吟唱古老的歌谣，向后辈讲述先祖们的故事，年轻人热烈起舞，黑夜中火光映在每个人的脸上，酒碗中酒光闪闪，一个民族古老的历史被代代相传。

时光流转，岁月更迭，当下的节日欢聚，人生重要的时刻，依然都少不了本地传统酿造酒饮的身影。酒，不会消失，但会随着不同的时代发生变化，无论是传统的饮酒习惯，还是本地的酿造技艺。

无论如何，酒的故事会一直在云南这片热土继续发酵。

青稞酒

青稞酒，
藏地生活赞歌

九月，正是香格里拉青稞逐步成熟的季节，高原的山谷田间，金色的波浪在阳光下十分耀眼，这无疑是属于秋天最迷人的色彩。风起了，云飘动，饱满的青稞低垂，长长的麦芒摇曳着，诉说着高原境地丰收季节里特有的故事。

青稞是青藏高原特有的农作物，耐贫瘠和高寒。沿着滇藏线，从香格里拉开始海拔一路攀升，德钦、盐井、芒康、八宿、林芝、拉萨，甚至在海拔4500米以上的局部高海拔高寒地带，只有青稞依旧可以成活。从春播开始，青稞幼苗吸取阳光的能量，拔节、抽穗，直到灌浆、充实，籽实才开始慢慢变黄，直至最后的成熟。

丰收的季节，青稞田里忙碌的人们脸上洋溢着最自然的喜悦，大家有节奏地

1. 藏式民居房前屋后的青稞架，每家必备
2. 高原的阳光与空气滋养着成熟的青稞

挥舞着镰刀，将成熟的青稞收割、扎捆，用拖拉机运回家，再放上青稞架整齐地晾晒。新鲜青稞需要经过四个月的晾晒，才能彻底晾干，阳光与风是它最好的朋友。干燥的青稞经过脱粒、翻晒、炒熟，磨成粉后制作成糌粑，这是藏族人的主食。

　　一餐一饭，获得生存的能量，而一杯美酒，则承载聚集的欢笑。古藏文写卷《苯教丧葬仪轨》中就已有青稞酒的身影。在宏伟史诗《格萨尔王传》中也有传唱青稞酒及其酿制法的段落，书中记载王妃从酿酒的历史唱到酿酒的过程。这位王妃就是唐朝远嫁吐蕃的文成公主，她把汉地先进的酿酒技术传到藏地。经过千年的历史变迁，青稞酒的酿造工艺不断发展，最终自成一脉。

　　只要是种植青稞的地方，传统村庄都有酿青稞酒的历史。香格里拉市建塘镇的孙诺追玛是酿青稞酒的一把好手，有着 16 年经验。一年里只有过年时她才会休息，其他时间全部在酒坊忙碌，从酿造青稞酒开始高原上的一天。酿酒的日子里，每天早晨四点，高原的天还黑着，星星点点闪亮，她就起床开始准备。酿酒坊是她最熟悉的场所，一个人有条不紊地进行每一个步骤。提前泡好的青稞分批次直火蒸五个小时，炉火渐旺，屋内蒸汽升腾，从天窗透过的光线穿过雾气，投射下来。蒸好的青稞已完成淀粉糊化，随后摊凉、拌曲、入坛发酵，只等微生物和时间给予风味的转化。传统的青稞酒酿制过程中不添加任何增香物，醇香甘甜全部是来自青稞和水在酒曲作用下的自然发酵作用。

蒸好的青稞在拌曲这一步最为关键，均匀拌曲可以保证后续有效发酵，纯手工操作考验的是酿酒人的经验与耐心

好水出好酒，好曲酿好酒。汉地的辣蓼草是本地发酵酒的灵魂，在藏地，藏族传统青稞酒酿制技艺，是藏族人民在长期的生产生活实践中不断积累发展，口传心授传承下来的。藏式酒曲，藏语称"刨"，原料来自海拔3000米以上的高山草甸，龙胆草、红景天、苦荞是主要的酒曲原料，这些制造酒曲的植物携带高原独特的微生物菌群，造就青稞酒独特的风味。各家有各家的配比，再根据喜好增加些不同类型的药草，组合出特别的发酵秘方。掌握酿造好酒的技艺，曾是当地衡量一个家庭妇女心灵手巧的标准。随着经济不断发展，物流更加快捷、物质生活更加丰富，酿酒传统也在面临挑战，效率更高和价格更实惠的商业酒曲慢慢出现在青稞酒的制作中。只有那些更偏远的村庄，才得以将酿酒传统保留下来。

塔城镇的巴珠村是一个纯藏族村庄，平均海拔3000米，被称为云端上的藏族山村。土生土长的达瓦卓玛，从小时候就看阿奶自制酒曲，从初次看到时的好奇，到参与制作酒曲，让她对这记忆印象深刻。她记得每到七八月，阿奶就要爬到海拔3000多米的山上，采集自然生长的酒曲植物，磨碎成细粉，与小麦粉、青稞面、玉米面等五种面粉混合，经由双手揉捏成团，静候两晚后，发酵作用使得曲团香气溢出。干燥后的酒曲可以保存一两年，年年都能酿出好酒。从阿奶到阿妈，这项技艺终于传到20多岁的卓玛手中，第一次酿酒就成功出酒，看着家里人一起喝酒的欢乐场景，大家唱歌、跳舞，那种欣喜是独特的感受。她喜欢酿酒，一酿就是20多年，10年前把家乡特产的高原玫瑰加入酒曲，青稞的谷物香气混合着淡淡玫瑰花香，转化出属于巴珠村的独特味道。距离巴珠村200多千米的尼汝村属于香格里拉市洛吉乡，深藏于群山环抱的小村落，因为进出不便被称作秘境中的秘境。这里同样有着悠久的酿酒历史，一曲《祝酒歌》里唱道："最先小小蜜蜂献甘露，彩虹献颜来调色，雪山上挖来百草根，配制成了好酒曲。"无论地处何处，人们继承了来自祖先的生活智慧，从自然中获取原料，把雪山、密林、深湖、草甸、百花……都酿在这一杯青稞酒中。

在藏族人们的日常生活中，青稞酒不是单纯的酒饮，更是整个生活的见证，是时时刻刻。在锅庄（藏族民间舞蹈）、诵词、民间故事中，青稞酒、酒曲的历史来源、传说、酿造、制作等各方面都有形象生动的描述；在节庆节日、婚丧、生子、迎送亲友举行仪式时，青稞酒是必不可少的主角，它记录相聚、分离、成长和喜悦。藏地人热情好客，迎接远方的客人时，要敬上"三口一杯"酒。盛上满满的青稞酒捧献于客前，客人双手接过后，连续喝三口，每喝一口就添一次，当添完第三次酒后客人要把这杯酒喝干。主人吟唱敬酒歌，从青稞种子的由来一直唱到酿美酒的过程，祝福高原上每一个日出与日落。藏历新年，藏族家家都要喝青稞酒以示庆祝，一家人闭门欢聚，品青稞酒，喝酥油茶，谈谈上一年的喜乐与哀愁。最欢快的时刻总是留给夜晚，村里的男女老少围着火塘聚在一起，人们跳起锅庄，伴着火光，笑脸盈盈，醇香的酒似乎让这歌声更加嘹亮，在黑暗里彻夜响亮。

苏里玛酒

摩梭人的新年里少不了苏里玛酒,盛装的主人为客人将酒杯斟满

普米族和摩梭人，
都会酿造苏里玛酒

云南的多样性，是其最重要的文化特点。同样是在滇西北，普米族、摩梭人的传统发酵酒饮苏里玛酒，与藏族最爱的青稞酒有着紧密联系，却又具有自己民族不同的特色。苏里玛，为本地方言的音译，意为"女神的乳汁"。

居住在山地的普米族人源于古代氐羌，先民在青藏高原上过着游牧生活，元代以后定居于云南，从逐水草而居的游牧生活，改为农耕、畜牧、狩猎的生产生活方式，但是一些源于祖先的生活记忆却穿越时间，被一代代保留了下来。普米族人爱酒，也善酿酒。苏里玛酒的酿造技艺口传心授，选用的原料与青稞酒最大的不同是用混合谷物，包括苦荞、青稞、玉米、稻谷、稗子等。首先也是制作酒曲，在他们世代相传的酒歌中这样唱道："男人累了，女人乏了，该用什么办法，该吃什么东西，才能解乏消困呢？到了高山，牧羊人给了12种花瓣，12种草根，12种树叶；到了洼地，放猪人又给了12种花瓣，12种草根，12种树叶。一共要回了72种药草，回家后把这些药草晾干磨成粉，捂了30天，最后做成酒曲。把酒曲放在煮熟的青稞、大麦等粮食中，三天后这些粮食生出了液体，又香又醇。"如今我们知道是植物携带的野生酵母的发酵作用产生了酒精，而当地的微生物菌群又赋予了它独特的风味。

临泸沽湖而居的摩梭人，虽然与普米族不属于同一民族，但制作苏里玛酒的工序却相同，酒曲都是来自山间的草药，制作过程都不添加任何辅料，成酒未经过滤，酒精度在10度左右，有着甘甜醇香的味道。酿酒是摩梭人家家庭主妇的必备技能，小麦、小米、荞麦、玉米、高粱、红米等谷物，根据自家的喜好选择配比，洗净晾干，小火炒至金黄色泽，同时增香，加水煮熟，然后加上高山上采来的龙胆草、黄芩等药物制作的酒曲，两三个月时间即发酵完成。谷物炒制的程度、酒曲加入的多少，都会影响苏里玛酒最后的味道，家家都有自己的味道。摩梭人家每年都会酿制几坛封存，以备盛大的节日上饮用。

泸沽湖畔的狮子山，是泸沽湖最高的山峰，晴时巍峨耸立，雨时雾气缭绕。约瑟夫·洛克在《中国西南古纳西王国》一书中描述它是永宁风景中最显著的景致。在当地摩梭人心中，它是格姆女神的化身，所以又叫格姆女神山。每年农历七月二十五的转山节，是摩梭人朝拜格姆女神的盛大节日。那一天，四邻八乡的摩梭人，甚至也包括四川境内的摩梭人，都会穿着节日的盛装，带着丰盛的美味佳肴，与家人朋友们一起相聚到格姆山下。人们扛着祈福的幡旗，来到山上的寺庙，喇嘛们念起朝山经，大家烧起松枝，用烟火驱走鬼邪，向女神敬献苏里玛酒，祈求女神保佑平安顺遂。高山草地，野花遍开，当16米高的女神像被挂起时，那一刻真的是又美好又感动。随后的格姆山下，人们沉浸在欢乐的海洋之中，一家人就地野餐，大家对歌、跳舞、射箭、赛马，在酒的陪伴中，度过快乐的一天。

摩梭人最为重要的新年，是整个村落最重要的时刻，外出的游子返乡团圆，无论欢聚还是新年仪式，都少不了苏里玛酒。阿公塔，是油米村的一位东巴（东巴教的祭司，负责主持宗教仪式，传承东巴文化）。这个依傍加泽大山的偏远村子，是泸沽湖地区最特别的村子，村里目前仍活跃着九位东巴，他们在经年的岁月里为村里人护佑祈福，延续着东巴文化的香火。在摩梭新年，从农历的十二月初一至十三，油米人每天举行的仪式和活动都不相同。特别是新年初一，凌晨三点新年仪式就在诵经声、海螺声中开始，火塘边摆好苏里玛酒，阿公塔说"新年期间喝的苏里玛酒尤为特别，一定要是五种谷物原料酿造的酒"，因为它正承载着对新的一年美好的祝愿。

右页图：
1. 发酵中的苏里玛酒
2. 摩梭人祖屋的火塘是最重要的位置，新年仪式中少不了一杯苏里玛酒和一圈猪膘肉
3. 节日里大家举起苏里玛酒，气氛欢乐

澜沧江河谷曾是西方传教士最早种植葡萄、酿酒的地方

高原葡萄酒的风土传奇

"太阳最早照耀的地方，是东方的建塘，人间最殊胜的地方，是奶子河畔的香格里拉。"自从英国小说家詹姆斯·希尔顿的小说《消失的地平线》问世以来，书中所描绘的香格里拉，成为无数人心中的向往。在富饶的云南大地上，最早把葡萄酒带入这片土地的探险者是 19 世纪来自西方的传教士们，他们播下了葡萄酒酿造的种子。100 多年后，如今的香格里拉梅里产区，已经成为中国葡萄酒最具特色的明星产区。

从迪庆藏族自治州（简称迪庆州）州府香格里拉市出发，沿金沙江向北，一边是巍峨高山，另一边是奔腾大河，在崇山峻岭间穿行，视觉不断受到新的刺激，完全不会感到乏味。去往德钦的路山高坡陡，海拔不断攀升，雪山悄然出现，云南第一高峰卡瓦格博峰在高原纯净的蓝色天空映衬下显得格外气势非凡。

香格里拉葡萄种植基地的负责人王家途老师，引领我们来到雪山背后的明永村葡萄种植基地。沿着奔腾的澜沧江，我们一路盘山而行，风光旖旎又壮阔，而在高山与河谷之间，峭壁之上，大块小块的台地上散落着大小不一的葡萄园。据王老师介绍，2000—2003年当地响应种植葡萄的号召，明永村最老的葡萄藤已经有20多年了，强壮的根藤是时间的见证，它们与村中更古老的核桃树自然融合，也为村民当下的生活提供了另一种可能。从空中俯瞰，这些葡萄园犹如高原中的绿洲一样，生机勃勃。明永村种植有300多亩（约20万平方米）赤霞珠葡萄，50多户葡萄农户为此忙碌。地块分散，导致这里的人工、管理、运输等成本极高。尽管梅里雪山、明永冰川每年的游客们来来往往，这一切热闹从来不曾打乱自然里的生长节奏。漫长的寒冬里，葡萄对抗着高原的寒冷，冰雪赋予它们更强大的生命能量。春天到来，气温回升，葡萄开始抽芽。三月下旬到四月里，葡萄农们开始忙着修剪葡萄的枝杈和给葡萄抹芽，抹芽这项工作非常重要，它关系到葡萄日后的生长和挂果量。七月底、八月初葡萄转色，要不断去品鉴葡萄的成熟度，酿酒师根据酿酒的类型以及本年气候的情况，制订最佳的采收方案。九月中旬，不同海拔、不同地块的葡萄陆续熟了，连续两个月，从繁忙的采摘季到榨季，人们都在和时间赛跑。明永村人扎西尼玛老师，也是香格里拉地区有名的诗人，在他看来，世居的藏族人爱着自己居住的土地，长在这片土地上的植物吸收着土地的精华，是神圣雪山的给予。所以他们也保护着自己家园的土地，不砍伐树木，不施加农药，不污染河流，土地健康了，果实则繁茂，人也会健康。诗人在诗里写道："河流的波光之上，雪山是一座明亮的房子。"离雪山最近的村子，明永村的葡萄园，在冰川雪水的滋养中，受着雪山的世代庇护。

香格里拉这片新产区被带上世界葡萄酒舞台，不得不提到敖云酒庄。2013年，敖云推出了它的第一个年份产品，自其问世以来，就受到了葡萄酒界的一致好评。这片神秘的高原雪域之地开始吸引着人们的目光，阿东村、西当村、斯农村、东水村……一个个种植葡萄园的自然村落，因为别具风土特色的葡萄，展现出各自的独特魅力。这也吸引着充满激情的葡萄酒从业者，为酿造顶级好酒的目标而陆续聚集于此。香格里拉酒业、霄岭、扎西·核桃树、宝庄等精品葡萄酒庄深耕于香格

香格里拉产区有着丰富的小气候，造就每片葡萄园独特的个性

里拉，赤霞珠、黑皮诺和霞多丽开始在那些险峻的高原小地块上种植，用流动的葡萄酒讲述这里的风土传奇。

  这个传奇凝结着时间的故事，故事则从茨中这个澜沧江边的村庄开始。1909年著名的茨中教堂在此开建，历时12年，在1921年完工，是云南驿区主教礼堂。教堂旁的葡萄园种植着法国传教士当年从法国本土带来的古老品种"玫瑰蜜"，在夏天成长，在秋天硕果累累。如今茨中的山坡上随处可见大片的葡萄园，虽然品种已然不同，但一样保留着本地特有的风土味道。迪庆亿万年前曾是海洋，地壳运动后，海洋生物及后来的高原植被都被转化成土壤里的有机质。这里土壤复

香格里拉产区的葡萄榨季来得晚,十月开始是酒庄最忙的季节

杂丰富,土质较为疏松,通透性好,每个地层均有石灰石;高原阳光充沛,每天长达五六个小时的光照为葡萄的生长成熟积累了充足的糖分。

本地人红星,全家世代生活在燕门乡,六代人皆是天主教信徒。葡萄和葡萄酒伴随着他的成长。小时候在茨中教堂里上完小学,他和伙伴们在葡萄藤下追逐玩耍。周日弥撒的时候,看着神父倒在杯中的色泽如红宝石般的液体,他充满好奇。1997年,红星的父亲成为第一批将茨中教堂的玫瑰蜜葡萄树引种的农户。在西藏盐井一位老修女的带领下,整个大家庭开始酿造以玫瑰蜜葡萄为原料的葡萄酒。从2005年开始,多种因素合力,使得茨中葡萄酒名声大作,不断有游客来到这个小村庄追寻传教士的故事,也有国外知名葡萄酒企被茨中村卓越的风土条件和悠久葡萄种植历史所吸引,将酒庄落户茨中,开启新的酿酒时间故事。红星从最开始跟父亲酿酒,到2017年开始独立酿酒,一晃20多年过去了,酿造的技术在不断精进,葡萄酒的产量也在不断提高。每年五月至九月,当葡萄在山谷里静静生长的时候,红星做登山向导穿越碧罗雪山,用脚步带领人们感受自己家乡的与众不同。九月中旬,葡萄熟了,连续两个月,从繁忙的采摘季到榨季,他都在和时间赛跑,全情投入,每天早上九点开始,到晚上十点结束,搅拌酒液、测量糖度,认真照顾好葡萄酒的发酵是这时最重要的事。

对于葡萄酒,村里的人并不陌生,老人们口中流传着当年为茨中教堂传教士翻越雪山送酒的故事。原来茨中成功种植的玫瑰蜜,向峡谷深处发散,向北抵达了盐井,向东翻越白马雪山抵达了金沙江边的奔子栏,唯独因为气候原因,一直没有抵达怒江边的白汉洛和迪麻洛。因此有了横穿碧罗雪山的驿道,目的是把澜沧江的葡萄酒桶运送到怒江教区做宗教仪式,这条线路海拔高且险峻,扛着橡木桶的信徒们,凭着坚定的信念完成,获得的报酬则是珍贵的盐巴。对茨中人来说,葡萄酒有着无比丰富的深意,是古老的时间故事,是平安夜里宗教仪式上神圣的举杯,是一份有着潜力事业的期许,更承载着茨中的雪山、河流,甚至一草一木的生命能量。

沿澜沧江向南,就会到达三江并流的世界自然遗产腹心地维西傈僳族自治县,这里是全国唯一的傈僳族自治县,也是世界纬度最低、海拔最高的冰酒产区。六月这里溪流潺潺,水稻青青,田园风光独好。腊普藏云谷酒庄依山而建,站在高处,整个山谷尽收眼底,辽阔、悠远、生机勃勃。2009 年,酒庄的栽培团队在河岸种下第一株葡萄树。酒庄位于白马雪山自然保护区内,得益于当地得天独厚的地理环境和气候条件,原始生态和植被保存完好,这里不但拥有众多的国家一级保护珍稀植物,而且还有众多的国家重点保护野生动物。物种的多样性为整个葡萄园生态系统的循环发展提供了优良的风土特性。这片土地非常适合种植威代尔葡萄,出产的冰酒除了有着丰富的热带水果香气,同时也兼具了良好的清爽感和酸度。经过 15 年的发展,如今腊普藏云谷酒庄的葡萄园分布于海拔 2100～2900 米的传统藏族村落之中,不同海拔下出产的葡萄,可以演变出奇妙的风味变化。

葡萄酒的质量七分来自原料,此外,当地的气候、地理条件、微生物环境都会影响葡萄的品质,从而决定葡萄酒的风格表现,因此在葡萄酒界,会用"风土"这个词来形容葡萄酒的生长环境。彩云之南的迪庆州,海拔高差大,横断山脉、三江并流造就了无数有特点的小气候区域,营造出不同的风土条件。然而,人永远是最重要的那一环,富有经验的酿酒师们被吸引而来并扎根于此,用心去观察、理解这片土地。发酵酿造,时间总会给出最好的答案,一杯充满热情、经得起时间考验的美酒,一定会醉了每个人的心。

小曲清香白酒
与各民族糯米酒

摄影 边边

位于昆明准静止锋南侧的云南,气候特点与贵州赤水河谷的"酱香小气候"截然不同,这里属于亚热带高原季风气候区,海拔高、气候干、湿度低,高原的地势使得全年日照充足,造就了独特的云南小曲清香的白酒酿造风格。

小曲酿酒以粮谷为主要原料,采用小曲为糖化发酵剂,经传统固态糖化,小容量容器固态发酵而成。所谓小曲,基本上以米粉、米糠为原料,再添加各地根据本地山林之间生长的植物中草药,接种少量母曲,加水制成球形或饼状,在适宜的条件下培养而成。小曲中含有的微生物主要是以根霉为主的霉菌和酵母菌,小曲酿酒的特点是小罐酿造,有着发酵时间短、出酒率高的优势,成酒则有着清新淡雅的风格,入口微甜、纯净干爽。粮为酿酒之母,云南的北部、西北部,从曲靖到昆明、楚雄、大理,不同地区又有自己特有的酿酒谷物代表,比如苦荞、大麦、玉米、小麦、高粱、青稞,都可以在小曲的加持下,成就风格独特的清香白酒。"鹤庆乾酒"作为云南小曲清香型白酒的典范,诞生于明朝正统年间的鹤庆县,这里物产丰饶,高海拔大麦

沐浴着高原的阳光雨露，粒粒饱满，富含独特的香气成分。从中原迁来的华氏家族，将先进的酿酒技术和本地的酿酒原料相结合，酿造出口感清香幽雅、入口绵甜的鹤庆乾酒。而随着马帮商号的兴盛，鹤庆乾酒一时名声在外，成为云南的名酒之一，民间传颂"丽江粑粑鹤庆酒，剑川木匠到处有"。

云南各地的各民族展现出丰富多样的酿酒图景。拥有"三江并流"世界自然遗产的怒江傈僳族自治州，其中的独龙族和怒族是怒江特色的少数民族。高山峡谷内的子民皆爱酿酒与饮酒，其中杵酒或许是怒江人最爱的酒水，制作霞拉则是怒江人最为特别的饮酒方式。杵酒原料主要为玉米、高粱和鸡足稗等，酿造杵酒时，需将玉米等原料蒸熟，冷却后加入甜酒曲搅拌均匀，放入罐子内用布密封，置于火塘边促其发酵，待到浓郁的酒香渐渐飘出，杵酒也就酿熟了。由于发酵时间短，杵酒的酒精度低，人人饮用，都无负担。傈僳族、怒族、独龙族人们的生活中都有这种低度水酒的身影，亲友互访、生产协作、婚丧嫁娶、宗教仪式和节庆过年，不可无酒。而独龙族最爱的霞拉则颇为独特。做法是把鸡肉切块，用酥油爆炒后入锅，然后倒入大量的酒进行炖煮。炖煮时不放盐，仅放几颗野花椒提味。起锅时肉香、酒香四溢，鲜美独特。

沿着奔腾的大江大河一路往南，云南南部的谷物发酵酒却是另外一番景象。这里的海拔不断降低，气候温暖潮湿，悠久的稻作种植系统使得以稻米发酵酿酒成为不同民族的共同爱好。临沧、普洱、西双版纳一带的佤族人家，喜爱一种用糯米酿造的甜水酒，称为阿佤咂酒；西双版纳的傣族人家将糯米幻化为各种饮食形态，当然也少不了酿酒，酿好的米酒放入竹筒中封存一段时间，让原本只有糯米香味的米酒吸收竹子中天然的清香，德宏傣族景颇族自治州（简称德宏州）的小锅米酒名声在外，皆因本地生产的优质稻米原料，遮放的贡米从元朝开始就被历代王朝指定为土司进贡之物，酿出的米酒芳香四溢，令人难忘；普洱墨江种植的紫米，同为"贡米"，紫米封缸酒采用甜型黄酒的传统工艺，结合当地的气候、水质、原料等特点，经封缸贮存，酒液呈琥珀色，酒体醇厚怡人；红河哈尼族彝族自治州是哈尼族人的世居之地，他们世世代代在梯田种植水稻，也年年岁岁酿制米酒，在哈尼族传统盛大的节日"十月年"的长桌宴上，美食配上美酒，全寨人高举酒杯，祈福来年的风调雨顺。

左页图：
1. 霞拉酒带着酒香和肉香
2. 用玉米酿酒在云南十分普遍
3. 在滇南一带的稻作地区，寨子里家家户户都会用糯米酿米酒

豆类发酵

豆豉　发酵豆酱　发酵豆腐　腐乳

作为大豆的原产国，我国的大豆种植历史悠久。而云南这片土地上是何时开始种植大豆的？考古发现最早的大豆来自剑川县海门口遗址，年代距今约3400年，尚不能确定是否为驯化种。2009年发掘澄江市的学山遗址时，出土了大量炭化植物种子，经过鉴定发现包括小麦、水稻、大麦、粟、黍、大豆和荞麦，其中小麦共计7481粒，仅次于小麦的水稻共计3787粒，炭化大豆共计63粒。虽然豆科类种子数量少，但颗粒较大，也可以断定为驯化后的栽培大豆。

到了唐代，云南的部分地区种植豆类已具有一定规模，文献记载出现于《新唐书》《云南志》等。明清两代，中原人口大量涌入云南地区，对粮食的需求大量增加。云南的地理条件多山少平原，气候条件温暖，日照条件充足，由于大豆对土壤要求不高，在相对贫瘠的土地仍可以种植，且对地力的消耗小、耐寒耐旱，即使在灾荒之年产量也能保持稳定，所以云南非常适宜大豆类作物的生长。

《滇海虞衡志》中写到云南豆类种植的地位："凡夏收为乏，他省夏乏但言麦菜，滇不言菜而言豆，曰豆麦，豆麦败则荒，豆收倍于麦，故滇以豆为重。"意思就是说云南夏收歉收，指的是豆类和小麦。由此可见豆类在云南的粮食作物生产中占有相当重要的地位。如今云南的大豆常年播种面积为250万亩（约1666平方千米）左右，云南是我国复合种植技术推广的重点省份。

大豆种植普遍，豆类加工自然与云南人的日常饮食产生紧密的关系。除了我们熟悉的豆类发酵调味品酱油之外，云南的传统发酵豆制品包括豆豉、豆酱、腐乳、臭豆腐等类别，都与地方、民族等特色紧密结合，展现出令人惊叹的丰富多样性。

豆豉

云南豆豉的版图非常广阔，作为滇菜中重要的调味"明星"，很多州、市、县都有本地特色的豆豉制品，比如昆明太和豆豉、大理永平豆豉、玉溪易门豆豉、弥勒风吹豆豉、哈尼豆豉、梁河豆豉等。云南豆豉的种类也相当繁多，按加工原料分为黑豆豉和黄豆豉，按口味可分为咸豆豉、淡豆豉，按状态分为干豆豉和水豆豉，常常令人眼花缭乱。大体来说豆豉的制作方法是先把黄豆清洗、浸渍、蒸煮，冷却后加入曲霉菌和少量面粉，放入缸中让其自然发酵，同时拌入一定量的盐、辣椒、花椒等调味料。在烹饪中，豆豉是个"全能选手"，适用于炒、蒸、烧、拌等各式菜肴，时间转化的鲜香浓郁的风味，呈现出十分复杂的口感。

制曲技术的诞生为豆豉的制作提供了发酵转化的可能，所以豆豉制作背后的原理相同，总的来说都有芽孢杆菌属、乳杆菌属、四联球菌属和肠道菌的参与，但因为云南地理气候跨度大，各地区微生物也各有差异，造就了各个地区的豆豉中微生物的数量不同，也直接使得各种豆豉在风味上拥有自己的性格与特点。

地区	微生物种类（按照豆豉中微生物的种类由少到多排序）
德宏傣族景颇族自治州	乳杆菌属、四联球菌属、芽孢杆菌属
大理白族自治州	芽孢杆菌属（枯草芽孢杆菌）、葡萄球菌属、肠道菌属、四联球菌属
西双版纳傣族自治州	魏斯氏菌属、芽孢杆菌属、四联球菌属、乳杆菌属、肠道菌属、明串球菌属
红河哈尼族彝族自治州	芽孢杆菌属（淀粉芽孢杆菌、枯草芽孢杆菌）、葡萄球菌属、乳杆菌属、肠道菌属、魏斯氏菌属、四联球菌属、氧芽孢杆菌属
普洱市	芽孢杆菌属（枯草芽孢杆菌）、四联球菌属、魏斯氏菌属、葡萄球菌属、肠道菌属、库特氏菌属、乳杆菌属、明串球菌属

或许在我们看来，豆豉是日常生活中十分普通的食物，但是在某些特定地区，它不仅是食物，还伴随着深层的文化寓意，体现出独特的族群认知方式。特别是在云南南部的傣族社会中，传统豆豉的制作与食用涉及傣族的生计模式、饮食结构及社会化的味觉选择。专注饮食人类学的学者张艺凡于2014—2015年，在临沧市耿马傣族佤族自治县孟定镇进行了系列的田野调查。在她的研究成果中展现出发酵食物所具有的象征意义，以及其与傣族人及其文化的关系。傣语中称豆豉为to-nao，在土司统治时代，从土司到平民，每一个阶层都会制作并食用to-nao，它是跨越阶级的存在。在味精没有进入傣族社会时，to-nao是重要的调味品，构建傣族人味觉的记忆。一些农户农忙时，糯米饭加to-nao就是一日两餐的标配。现代科学还未能解释发酵原理时，他们用一种超自然的逻辑来应对食物的发酵失败，需要细致准备后才能顺利发酵成新的食物，如果变坏，或许是"被不干净的东西碰过"。为了避免被鬼怪触碰，首先在蒸熟大豆搅拌、舂制等步骤，傣族人家会在发酵场所放上刀、木炭或者辣椒粉，最后储存to-nao时，也会沿罐口放上盐和辣椒粉，其作用同样在于防止罐内处于发酵状态的豆豉被鬼怪触碰后变坏。食物的生与熟，是否接受发酵食物，也成了他们判定族群的边界，吃同样的发酵食物很自然就成为"熟人"之列。

德宏豆豉饼

德宏州的梁河县,地处横断山脉西南端、高黎贡山西麓中的峡谷地带,这里的豆豉饼出名,据说跟茶马古道上赶马帮的人有极大关系,因为路途遥远,豆豉饼则更方便携带。制作豆豉饼讲究一个恰到好处。上好的黄豆浸泡一夜,可以通过蒸煮和炒糊两种方式熟制黄豆。接下来就是重要的发酵过程,利用稻草上自带的微生物,几天时间黄豆就会长出菌丝,发出臭味,表面变得黏滑。熟练的手艺人懂得最佳的发酵时间,因为发酵程度不足则豆豉饼不臭,吃起来也就不香;发酵过度,味道则令人不悦。

发酵好的豆子的调味环节,形成梁河特色的味道。传统的调料有晒干的撒菜根、八角粉、草果粉、花椒粉、辣椒粉、盐巴等,各家有自己的独家秘籍。定形环节需要以糯米稀饭为黏合剂,将发酵调味完成的黄豆与糯米稀饭混合均匀放入模具,随后晾晒成形即可。它的食用方法简单,只需切块,油煎至表面金黄即可,香脆可口、回味无穷、十分下饭。

哈尼豆豉

云南省南部的红河哈尼族彝族自治州(简称红河州),澎湃的红河穿境而过,神秘的哀牢山蜿蜒曲折。在元阳、绿春、红河等县,哈尼人世居于此,他们的祖先驯化野生稻种植,巧妙利用山地气候和水土资源,开垦梯田并发明独特的灌溉系统。稻、鱼、鸭的循环共生体系构成哈尼族人生活的日常餐食文化,而在餐桌之上,豆豉则是必不可少的烹饪调料,被称为哈尼族菜品的美味灵魂。

制作哈尼豆豉也是提前一晚泡豆。利用的野生酵母则来

摄影 琦琦

1. 德宏的豆豉饼
2. 弥勒的风吹豆豉

自田间地头的芭蕉叶。叶子覆盖的黄豆,一般五天时间即可发酵完成。心灵手巧的哈尼族女性随后要用刀将其剁成豆泥,只有豆泥足够细腻,后期定形才更加容易。揉搓成扁状或圆形的哈尼豆豉呈黑褐色,散发出一股浓烈、绵长的时间味道。因为干燥彻底,水分含量低,哈尼豆豉具有储存期长的特点,放置在火塘边,两三年也不会变味。

哈尼豆豉作为调味灵魂活跃在哈尼族人的美食中,据说哈尼族地区把其称为"菜母"或"菜王",每餐必不可少。它既可作调味品,也可单独食用。"没有豆豉,不成蘸水"。豆豉热油爆香,加上调味料,一勺汤使其成为香气扑鼻的哈尼蘸水。尤其是用来煮哈尼梯田里的泥鳅、鳝鱼、螺蛳等带腥味的肉类,不仅能去除腥味,还能增加肉的美味。最特别的搭配来自一道哈尼族人才懂的组合,家里的火塘边,将晒干的豆豉放在炭火上烤香,加入辣椒粉、盐等调味料一起舂碎拌匀,配上云南的酸多依果,酸与辣,水果的清新与豆豉的复杂碰撞,成就奇妙的丰富口感。

除了给食物调味之外,哈尼族人还有用豆豉入药的传统习惯,将豆豉烧焦以后用温开水服下,具有缓解肠胃不适的效果。

○
弥勒风吹豆豉

位于红河州北部的弥勒市,因唐宋时期云南东爨三十七部之一的"弥勒部"迁居于此,而得此美名。这里有着得天独厚的气候条件,全年气候温暖宜人。

肥沃的土地给予弥勒美食多种可能性,卤鸡、羊汤锅、红酒,都承载着弥勒人的热情。豆豉在此有个浪漫的名字,叫作弥勒风吹豆豉。风吹,其实指的是豆豉靠自然发酵风干,这其中正得益于本地微生物的活跃参与。每年的冬春两季,正是传统豆豉生产的最佳时节。此时气温偏低,有效抑制了腐败菌的生长。制作豆豉的手艺人选用本地优质黄豆,经过清洗、浸泡、煮熟、摊凉等工艺,微生物开启它的首轮发酵。一个夜晚,发酵即可初具成效,加入本地红糖、白酒、盐、辣椒等调味料,入发酵池经风吹转化,最后由时间赋予它全新的风味。弥勒风吹豆豉颗粒分明、香辣回甜,既可当菜独用,也可经油爆炒,与各种食材碰撞出美味菜式。

易门青豆豉

　　玉溪市下辖的易门县，豆豉制作历史悠久，除了常见的干豆豉之外，还有种特别的存在，就是青豆水豆豉，这种水豆豉色如其名，豆呈青色，与红色的辣酱相映成趣，好不清爽。为什么会为青色？是因为易门青豆豉选用的主要原料是青黄豆。每年农历的七八月间，田间的大豆八分成熟，剥出豆米，将其淘洗干净，煮至八分熟，待其冷却后，开启豆枝捂堆的发酵阶段。因为发酵时间短，发酵程度不充分，所以豆米仍呈现绿色。易门青豆豉的调味阶段，加入盐、辣椒和易门高粱酒等调料，风格主打一个清香鲜辣，爽口开胃。易门青豆豉是易门人常备的下饭菜，与常见的干豆豉相比，易门青豆豉咸度低，可以直接食用，尤其是青豆特殊的清香，非常适合用来煮鱼，更能凸显鱼肉之鲜美。

发酵豆酱

　　在酱油发明之前，豆酱是我国人民最常用的调味品。发酵豆酱的制作历史十分悠久，早在西汉就已经有文字记载，但发酵豆酱在云南的出现，始于元末明初，其中昭通出产的豆酱是历史悠久的传统名产，甚至有云南"酱类之冠"的美称。

　　昭通地处云、贵、川三省结合部的乌蒙山区腹地，金沙江下游沿岸，坐落在四

川盆地向云贵高原抬升的过渡地带,历史上是云南省通向四川、贵州两省的重要门户,是中原文化进入云南的重要通道,素有"锁钥南滇,咽喉西蜀"之称。清朝雍正年间昭通建府以后,商业、手工业发展迅猛。昭通酱正是在这个时候开始广泛由私人作坊生产。

昭通酱以冬末春初所制的酱为佳。传统的制作方法用料考究、工序复杂、发酵时间长。第一道工序是制作豆面,选择上等大豆,用文火焙炒至酥脆,磨成细面,过筛备用。第二道工序是制作"酱面",在豆面中加泉水,搅拌均匀,干湿以能将豆面捏成坨为宜。成坨的"酱面"装入垫有稻草的竹筐内,再以稻草覆盖,存放发酵60天。这期间,要定时将竹筐中的面坨上下左右调整,使面坨发酵充分、均匀。当面坨中可见黄白色霉衣时,从竹筐中取出,掰成块,于阳光下晒干,再磨成细面。第三道制作工序俗称"下酱",在磨细的"酱面"中加入适量的盐、辣椒、花椒、八角、茴香、草果、芝麻等调料,混合均匀,装入瓦盆内,再加入泉水,充分搅拌,露天放置。瓦盆只能用尖顶的竹篾盖苦罩,要既防雨,又透气,隔日或三日搅拌一次,置放100天才能成为成品。每年冬季,家家户户晒"酱面""下酱",已成为昭通民俗的一部分,也成为昭通城乡一道亮丽的风景线。

制好的昭通酱色泽棕红、鲜艳油润、酱香浓郁、麻辣咸香、入口回甜。昭通酱食法多样,既可佐餐,又可烹饪调味,用于打蘸水吃淡菜,别具风味;用之炒肉或炸酱下面,无不增味添香,味美可口。

发酵豆腐

发酵豆腐

○ 建水豆腐

一部《舌尖上的中国》美食纪录片，把云南红河州的建水豆腐，从幽静的古城带到更广阔的世界。虽然豆腐在我国的历史悠久，但在明朝政府统一云南之后，豆腐的制作技艺和食用习惯才在云南大规模出现。建水，是一座建在井水上的城市，城里的古井众多，仅有记载尚能使用的古井就有128口，古井不但记载着建水的历史，也记录着豆腐制作的历史。建水古井最具代表性的要数溥博泉（西门大板井）了。井口由六根石柱中间嵌六块石板围合而成，井径2.7米，深4米，其大小和储水量堪称建水之冠，享有"滇南第一井"的美誉。其名源于《中庸》"溥博渊，而时出之"。据记载，明洪武初年，朝廷拓建古城时，时任太守徐伯阳为解决筑城兵士饮水之需而掘得此井，故民间有"先圈大板井，后建临安城"的说法。

建水豆腐选用的是优质黄豆，前一晚取西门大板井的甘甜井水浸泡、磨豆、煮浆。而它的味道不同于普通豆腐的关键，是直接用豆腐原汁发酵而成的酸浆点浆凝固。其独特的手工包制方法，绝对属于建水豆腐制作的绝技。早晨六七点，建水的古城还未彻底苏醒，西门外的板井豆腐坊就开始忙碌起来，阿姐们各自端坐，

建水豆腐坊的手工包制豆腐，阿姐制作手速很快，一气呵成

一桶、一笼、一板，就是她们的战场，取点浆凝固后的豆花适量，用巴掌大小的纱布包好放在钢板上，只见她们手速飞快，转眼一板白白胖胖的小豆腐块就整整齐齐排列好了，那就接着垒下一层。最后盖上木板、压上几块老砖，挤压出残留水分定形。选天晴的日子，风干晾晒以及自然发酵，三四天的时间，就能让平常的豆腐多出一番淡淡的酸、微微的臭。

建水豆腐的吃法最为特别，主打烤着吃。建水豆腐的口感主要体现在豆腐本身的发酵程度和烧烤程度。几个人坐在小板凳上，围着一个小火炉，上面有一个铁架子，放上豆腐，边烘边翻动，待豆腐膨胀，用筷子或者直接用手抓起一个掰开，蘸满料汁，一口咬到嘴里，混合着浓郁的豆香和蒜油辣椒香气，口感外焦里嫩。穿梭在建水古城的街头和集市，无论清晨还是夜晚，总能看见烤豆腐摊，相识的、不相识的，围坐在一起烤豆腐，或闲扯家常，或沉浸品尝，主打一个自由随意，这正是地道的建水烟火气。

从建水县向西不过 50 千米，是同属红河州的石屏县，虽然距离很近，豆腐却是另一番景象，石屏豆腐在味道、形态上全然不同。点豆腐这一步是传统石屏豆腐制作的关键，使用古城里自然含卤的地下井水作为凝固剂，将豆浆点化成豆花，再进行后续压制定形的步骤。这种井水含有特殊的矿物质，造就出成品豆腐质地细腻、韧性高的特点，而独特的口感和香气则使石屏豆腐获得人们喜爱，2012 年石屏豆腐成为中国国家地理标志产品。虽然制作过程中没有发酵的环节，但本地人也保留着对发酵口感的喜好，买回家的新鲜石屏豆腐，常温放置使之轻微发酵，有微微的酸味，或烤或炒，都别有一番风味。

1. 石屏古城玉屏书院的龙门牌坊，是城内明清建筑的标志
2. 石屏豆腐的形状以长条形为主

1. 建水，水多，且水质好。城中水井遍布，建水古城边的西门大板井是有着600多年历史的古井，水质清澈甘甜，依然是本地人习惯的生活用水
2. 城外水源丰富，自然桥就多，其中最美、最出名的一座就是横亘在泸江河和塌冲河交汇处的双龙桥（十七孔桥）

呈贡七步场臭豆腐

位于昆明呈贡的七步场,制作豆腐的历史已有600多年了。据《昆明市地名志》记载:"渠卜场建于元代。乡从村名。别名丰乐村,清初有大、小二塘,水利条件较好,取名丰收快乐之意。"相传明洪武年间,此地为名将傅友德屯兵之所,军中有江南兵卒会做豆腐,引得村民纷纷效仿,延续至今。据传清康熙年间,康熙帝品尝过这里的豆腐后,对其美味甚是赞赏,将其列为"御膳坊"小菜之一,并赐名为"青方臭豆腐"。

2015年,七步场的豆腐被列入"世界非物质文化遗产",也使得今天七步场依然还有人保持着用传统的纯手工工艺制作豆腐的习惯。

七步场的豆腐主要分白豆腐、臭豆腐两种。白豆腐细腻润滑、口感鲜嫩,臭豆腐也叫青方豆腐,质地软滑、散发异香。呈贡七步场臭豆腐较为出名,以优质黄豆为原料,制作工艺较为复杂。黄豆经过筛选、脱壳、浸泡、磨浆、过滤、煮浆、点浆、成形、划块、发酵等十道工序。其关键是要掌握好发酵时间,才能保证质量。时间短了,豆腐发硬或有苦涩味;时间过长,则腐坏变质。

　　臭豆腐食法较多,主要有两种:一种是蒸吃,即将臭豆腐用水漂净,入碗,配以油(鸡、鸭油较好)、盐、辣椒面蒸熟,食之美味可口,鲜嫩无比;另一种是烧吃,即将臭豆腐切成小方块,摆在涂油的铁帘上,用栗炭火慢慢烤烧,来回翻动,直至两面呈金黄色,取小碗,入酱油、卤腐汁、椒麻油、蒜泥、辣椒面、香菜末兑成佐料,蘸着吃,或蘸上盐、味精、花椒面、胡椒面、辣椒面混成的干蘸料食之。一般都是边烧边吃,臭豆腐皮酥肉嫩,有"闻着臭,吃着香"的特殊感受。

　　臭豆腐砂锅米线,这道特色小吃的灵魂就是臭豆腐,它的吃法类似小锅米线,只不过会在汤底中加入臭豆腐。选用优质粗米线,口感柔韧,饱含稻米的香气。特别是臭豆腐发酵的气味,配合韭菜、薄荷、辣椒等菜码,形成相当独特的口感,使得有人迷恋,有人发狂,总之让人深深记住了它。

　　向南行进至临沧的双江县、普洱的思茅区,臭豆腐给了食物创新的灵感,一道重口味的臭豆腐煮鱼是特定口味吃客们的最爱。臭豆腐的臭味可以发挥得淋漓尽致,新鲜的鱼肉搭配浓郁的汤汁,每一口都直抵灵魂深处。

腐乳

腐乳，在云南常被称作卤腐。在烹饪中可以作为调味料，也是云南人做各种蘸水必不可少的原料之一。云南各地都有制作腐乳的习惯，比较知名的产地包括石林彝族自治县、玉溪市、牟定县、丘北县等地。

石林彝族自治县，旧称路南，曾有一句"石林天下奇，卤腐路南佳"，称赞这里腐乳的美味。究其原因，首先与地理气候有着紧密的联系，石林属低纬高原山地季风气候，四季如春、雨量充沛、气候湿润。县内以喀斯特地貌为主，喀斯特矿泉富含有益元素和气体，独特的水质造就了路南卤腐鲜味浓醇、鲜香嫩滑的风味特点。生产路南卤腐首先要加工霉豆腐，选优质黄豆脱壳、碎瓣、浸泡、磨浆，用自制的酸水低温点浆，与常规高温卤水、石膏、葡萄糖酸内酯等方法点浆相比，这种方法凝固的速度缓慢，做出的豆腐坯保水性好、质感有弹性、豆香清醇。点浆后的豆腐坯经压榨、划块，即进入发酵箱进行发酵，干稻草上的霉菌自然接种成为霉豆腐坯，为路南卤腐的独特风味提供良好的条件。经过后续的浸酒、裹料、调味过程，最终成品色泽红黄、块形完整、细腻无渣、鲜香回甜。

从石林向东 240 千米，楚雄彝族自治州的牟定县素有"腐乳之乡"的美誉。这里制作腐乳的历史起源于明末清初，至今已有 300 多年。牟定油腐乳最具代表性，加工流程分为白豆腐的制作、霉豆腐的形成、加料腌制发酵及成品包装。与其他地区腐乳制作的区别是在腌制发酵的过程，接种后的霉豆腐经过盐水淘洗，晾晒后加入盐、干辣椒粉及各种香辛料，豆腐坯装入腌制坛时，加入本地产的菜籽油，将豆腐全部浸泡，密闭常温自然发酵三个月的时间。牟定油腐乳成品的表面呈鲜红色或枣红色，断面呈杏黄色，具有独特的芳香味，口感非常细腻。在牟定，臭豆腐和油腐乳是最佳的"灵魂伴侣"。牟定县的琅井村有道有名的松毛烤豆腐，将臭豆腐放在铺满青松毛的炭火上慢炙，烤好后外焦里嫩，食客们围坐着边烤边吃，配上用油腐乳制作的秘制蘸水，吃起来香酥可口，并伴有松毛的清香。琅井是"古滇"著名的盐业九井之一，过去的运盐马帮停驻琅井，都会纷纷"闻香下马"，就着清冽的小灶酒，在惜别前把家乡的味道松毛烤豆腐再尝一遍，

腐乳

然后在心里萦绕回味。

牟定地区的地理气候条件，形成了利于发酵的独特微生物菌群，通过微生物鉴定发现，牟定油腐乳前发酵过程中，主要参与的微生物为总状毛霉，同时也有乳酸菌的参与，这可能和用含有乳酸菌的酸浆使豆腐凝固有关。后发酵主要是这些细菌参与：鞘氨醇杆菌、假单胞菌、嗜麦芽窄食单胞菌、大肠杆菌、四链球菌、短稳杆菌、乳杆菌。

这些种类丰富的微生物为油腐乳贡献了鲜味、酸味以及多种挥发性气味，包括酚类、醛类、酮类、酸类、醇类、酯类、烷类，其中酯类和醇类为油腐乳最主要的挥发性风味物质。同时发酵的作用也改变了豆腐的质地，使得腐乳变得细腻，增加了如奶油般的口感。

近年来，云南的野生菌大热，就连腐乳界也增加了"含菌量"。云南人每到雨季菌子上市时，会有熬鸡枞油的习惯，它的特点就是一个鲜香。衍生出的鸡枞油腐乳是在传统的油腐乳中加入了鸡枞菌油，进行二次发酵，这种独特的搭配，使得鸡枞油腐乳在保持了油腐乳原有的酥软醇香的同时，又增添了鸡枞菌油的鲜美。每一口咬下去，都让人回味无穷，让人似乎感受到云南山野的气息。

肉类发酵

云南火腿　猪肝鲊・吹肝・卷蹄　西双版纳酸肉　猪膘肉

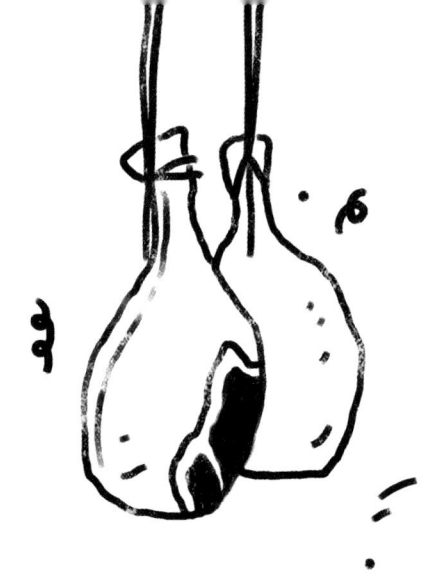

云南火腿

宣威，地处云南高原东北部，是滇黔通行的要道。乌蒙山系横亘境内，东北—西南走向的乌蒙山中列山系，岭脊海拔在 2300～2400 米，构成了长江与珠江两大水系的分水岭；东部的乌蒙山东列山系，海拔在 2500 米以上，东山以东为云南高原向贵州高原过渡的斜坡地带，受北盘江上游支流的切割，造成山体坡度大，多见高山峡谷的地貌。

宣威历史悠久，虽地处西南偏远地区，在历史长河中却早有亮相。春秋战国时期属古夜郎国辖地。西汉武帝建元六年（公元前 135 年），初置县。三国鼎立时期，属蜀汉的后花园；唐朝后期到宋朝属于南诏大理，元灭大理国后，开始进入中央政权管辖。直到明朝大将傅友德率军平定云南，设立"宣威关"，意为宣播朝廷威德，宣威之名由此登上历史舞台。

由于守卫和屯垦的需要，大量北方汉族居民不断迁入云南，高原上刀耕火种的生活方式被打破了，同时带来的还有中原汉地的饮食习惯与制作技艺。火腿的制作早在元代已经出现在《居家必用事类全集》一书中，比如著名的金华火腿的制作方法已有详尽记载，可见在中原汉族地带利用发酵制作火腿是十分日常的储存肉类制品的方法。发酵，总是意味着交流与分享。中原汉族人民与本地少数民族在早期的混居生活中语言不通,食物或许能成为最好的交流手段。

清初以来,宣威与中原的交往加强,种养技术的提升促使高原农作物和畜牧产品的产量大幅增加,火腿制作逐渐普及开来。至清雍正年间,宣威火腿的加工业已初具规模。1909年实业家浦在廷创办云南首家火腿公司,自此将宣威火腿的美名带入大众的视野。1915年宣威火腿在首届巴拿马万国博览会上获金奖,1923年在广州举行的全国地方名特产品赛会上获优美食品奖,孙中山先生题词"饮和食德"以示赞誉。

宣威火腿之所以美名远扬,制作上与当地特殊的气候条件和种养条件密切相关。地理特点决定气候条件,宣威地处云贵高原,光照充足,境内水资源丰沛,冬无严寒、夏无酷暑的气候特点非常适合微生物生长。而乌蒙山一带特有的"乌金猪",个体中等,背多黑毛,肉质好,特别是脂肪含量明显更高,也造就了宣威火腿从一开始就能以味道征服每个人的味蕾。清代的《宣威县志》评价宣威火腿是"身穿绿袍,肉质厚,精肉多,蛋白丰富,鲜嫩可口,咸淡相宜,食而不腻"。

诺邓古村,夯土民居依山势而建,井然有序,当年繁华可以想象

从宣威向西近 700 千米，来到大理州云龙县的诺邓古村，这里出产的诺邓火腿，2012 年因《舌尖上的中国》声名大噪，顺带也将人流引入了这安静古老的传统白族村落。诺邓村在深山之处，早在唐代《云南志》中就有明确记载："剑川有细诺邓井。"算起来，这里已有千年历史。诺邓村因盐而兴，人们因盐而居。明朝时期，官府在这里设立了"五井盐课提举司"，使其成为白族经济重镇之一。古时诺邓村的商路驿道，东向大理、昆明，南至保山、腾冲，西接六库片马，北连"茶马古道"通往西藏。明清两代盐业最为蓬勃，四方商贾云集，以盐业为首带动了各项商业发展，经济一派繁荣。1949 年以后产业转型，井盐停产，诺邓村的繁华热闹不再。由于地处偏远，诺邓村没有被天翻地覆的时代大潮过多影响，反倒是保留了安静古朴的风貌。今天山上流下的诺水潺潺流动，过石桥沿村中石阶而上，整个村落规划整齐，房屋建设有序，龙王庙、玉皇阁、文庙、提举司等建筑气势恢宏，可以联想到当时的繁华。

诺邓井盐文化造就了诺邓火腿的腌制历史。诺邓村古盐井一直保存至今，遗址坐落于村口低矮的河堤中，是村子的核心。诺邓村煮盐灶户大部分位于山脚一带，通过人力运送卤水到各户。灶户通过多年观察总结得出"干季卤咸，雨季卤淡"的生产经验。诺邓火腿与宣威火腿最大的不同，是腌制诺邓火腿所用的盐为本地自产的井盐，因为其取自天然井泉中，富含多种天然矿物质，特别是钾的含量高，使得制作出的食物口感极佳。

诺邓井盐，完全手工制作，含有丰富的矿物质

制作优质的传统发酵食物，好原料是首位，背后的手艺人则尤为关键。与宣威火腿较早产业化不同，诺邓火腿藏于深山，又受井盐产量的限制，一直以手工生产为主。云南人一直有"杀年猪"的习俗，进入腊月杀猪做火腿，已是历代延续下的传统。冬季天气干燥，卸下的猪腿适合晾干，技艺精湛的手艺人将其整形放血，先用本地苞谷酒给猪腿清洁消毒，接着就是主角诺邓井盐的亮相。手艺人手法娴熟，将盐均匀揉进猪腿的每一寸肌肤，一个月时间里，每七天进行一

次上盐揉搓、排出血水。从12月开始到次年立春,三个月的时间是火腿制作黄金期。前期的制作完成后,发酵的重要环节登场。火腿手艺人小罗,在海拔2400米的山区,有间巨大的腿房。四五月的时候最为繁忙,由于腿内水分未干,需要精心照料,为有益的微生物提供最适宜的条件。下雨时关窗、天晴时通风,防虫害,关注温度与湿度,使他天天往返于山间,在他看来,发酵中的火腿会呼吸,所以一定要营造优良的环境。提及为什么做火腿,他说:"那是小时候记忆里最香的味道,让人难以忘怀,现在就想分享给更多人。"

特有的气候给诺邓火腿的深度发酵提供了有利条件,丰富的微生物菌群在时间中转化,帮助火腿完成熟化过程。有云南大学的研究论文曾对不同年份的诺邓火腿进行化学成分测定,发现诺邓火腿醛类和酯类物质偏多,这也是其形成独特风味的重要指标。三年熟成的诺邓火腿,油脂鲜香,可以直接生吃,成为一道独特的云南火腿美食。

海拔在 2400 米的火腿腿房，良好的环境加上贴心的照料，才能发酵出一条好诺邓火腿

制作火腿，归根结底是一种本地人常见的肉类保存方式。除了宣威火腿和诺邓火腿之外，云南在其他地区也有不同的代表性火腿，比如鹤庆圆腿、龙庆火腿、撒坝火腿、无量山火腿、三川火腿等。

鹤庆圆腿，形状最为特别，称之为"圆"，是由于在制作过程中要将小腿弯曲，别到大腿间，外形圆整，形如圆盘，因此特点，故而得名。清康熙年间的《鹤庆府志》记载，明代嘉靖年间名宦查伟"丰酒肥腿飨客"，这里的肥腿，指的就是圆腿。究其原因，有说法是因为盘成圆形比整腿在悬挂晾干时更为节省空间，而鹤庆处茶马古道的要冲，鹤庆的圆形火腿也更利于捆扎在骡马驮子上，方便长途运输。久而久之成为鹤庆当地人家制作火腿的习俗。进入 21 世纪，物质生活条件逐渐丰富，平常人家已多不在自家制作圆腿，改为在市场购买火腿成品。如今鹤庆农贸市场的猪肉交易区，早晨五点一片热闹，新鲜宰杀的猪开始上市，而与别处不同的是上好的猪后腿已经提前盘好，只等火腿卖家采购。盘腿这项工作既需要技术与力气，又需要赶在猪肉尚未变硬之前，于是需求催生了变化，在售卖阶段鹤庆的圆腿已经初步成形，只等经验丰富的火腿手艺人，与微生物和时间相配合，开启一段发酵的漫长旅程。

鹤庆圆腿，非常容易从外形上辨认出来

鹤庆猪肝鲊最地道的食用方式,与铜锅焖饭一起直火加热

另一种时间变形
猪肝鲊·吹肝·卷蹄

鹤庆,位于大理白族自治州的最北端,素有"高原水乡"之称。境内山水相连,金沙江流经全境53.5千米,泉潭资源丰富,天然形成的草海湿地,夏季万亩荷花怒放,冬季则是候鸟天堂。这里是手工艺的重镇,著名的西南银都。精美的银器通过茶马古道运往各地,银都鹤庆也吸引着南来北往的商人同好。

商业繁荣之地,美食行业往往格外发达。鹤庆称得上是云南的一个美食之乡,鹤庆乾酒省内有名,鹤庆圆腿滋味独特。此外与发酵有关的传统肉类发酵食物还有猪肝鲊和吹肝,都是鹤庆地区白族人餐桌上的常见美味。

鹤庆猪肝鲊的加工季节为冬季,属于一季加工常年销售的产品。养猪尚未规模化,一家一户自行养猪时期,大家处于自给自足的状态。冬至前后,天气较冷,家家户户开始杀年猪,这也是腌制猪肝鲊的最佳时节。一般制作猪肝鲊的猪要有一两年的生长期,制作主料是生猪肝、肠肚和排骨。将猪肝、肠肚和排骨等切成大小一致的小块,洗净后煮得半熟放入盆中,待冷却后配以鹤庆乾酒和盐、花椒、八角、草果、茴香籽、辣椒等调味料,搅拌均匀后再装入陶缸内密封腌制,放阴凉通风处半个月后即可食用。完成发酵的猪肝鲊色泽鲜红,味道主打香辣鲜香,单独烹饪时蒸、炒皆可,搭配豆腐、鱼、蔬菜等本身味道平和的食材,能起到丰富调味的作用。鹤庆本地人猪肝鲊最地道的吃法,则是搭配一锅柴火烧的铜锅饭,香米混合着火腿丁、洋芋块,只见火苗跳跃,炉温合适,焖好的饭粒粒分明,洋芋金黄。这时把一小碗红通通的猪肝鲊放在米饭上,继续盖上锅盖焖个几分钟,锅内的热气温润着猪肝鲊,激发出时间的鲜味。上桌时打开锅盖,立刻香气扑鼻,一碗饭配上一勺激活的猪肝鲊,鲜香微辣,互为融合,就是鹤庆人记忆里的味道。

其实在云南其他地方也有类似的吃法,名字叫作"骨头糁"或"骨头生",原料选择猪骨头和其他部位比如肠、肚等,剁成泥,放入辣椒,加上酒、花椒、姜、蒜、盐等配料调味,搅拌均匀后装坛腌制,密封储存半年左右即可食用。各地区、各民族会根据自己的喜好，原料和调味有些许变化，比如楚雄彝家人喜欢加入五花肉，景东澜沧江一带的山地居民则会把玉米炒黄，磨成面粉拌入糁里发酵，临沧一带可以在骨头糁里加些木耳、萝卜丝等，但原则上都是在杀年猪的时候能最大限度地物尽其用，最后反倒成就了一种独特的本地味道。

鹤庆还有一项制作绝活，就是吹肝。它需要手艺人多年的经验积累才能练就。首先，选用完整的新鲜猪肝为主料，剔除苦胆。接着，用一截空心竹管插入胆管之中，巧妙地吹入气体，轻轻拍打猪肝，使其膨胀。吹肝的时候需要掌握力道与技巧，用力过猛，猪肝会炸开漏气；用力过小，猪肝胀开不匀，影响口感。只有将气体均匀送达猪肝的每个角落，才算完成。吹气的同时，将盐、花椒粉、辣椒面等调料兑水酒，小心灌入膨胀的肝内，扎紧气孔。表面也不能放过，揉搓均匀后挂在通风阴凉处晾干。所以所谓吹肝，一是指制作过程中"吹"的动作，二是指风"吹"晾干的过程。在时间的磨砺下，新鲜的猪肝开始收缩变形，直到最后呈现纤维状，切开时的切面你会发现有着密集的气孔，如蜂窝一样，也是吹肝独特的地方。水分被风带走了，留下的是微生物的风味物质。吹肝可自然保存10个月以上。

吹肝最受欢迎的吃法便是凉拌，鹤庆人称之为"凉片"。首先将吹肝煮熟或蒸熟，冷却后切成薄片，再佐以酸醋、酱油、盐、辣椒、花椒、姜蒜末等调味，充分拌匀，风干后的猪肝充满韧性，有着奇特的口感，气孔则吸满调料的味道，回味无穷。鹤庆有的餐厅巧妙地将新鲜采摘的松针、树花与吹肝同拌，浓郁又清新。

在鹤庆人的餐桌上，逢年过节、宴请宾客，一定要有猪肝鲊、吹肝，代表着鹤庆独特的味道。究其原因，过去当地物资匮乏，一年到头杀一次年猪，一定要想尽一切办法，保存猪身上的每一个部位，让其成为美味。鹤庆人便想出了这些运用发酵的奇招，不但保质期可以延长，鲜香口感也转化升级。这些发酵食物代代相传，熟悉的味道可以穿越时间。

吹肝在云南并非鹤庆人的专利，在唱出《小河淌水》的弥渡，也有它的身影。弥渡位于大理白族自治州的东南部，坝子内气候温和。这里建制很早，素有"文献名邦"之称。弥渡古名勃弄川，元朝改置建宁县，民国元年（1912年）首

次设立弥渡县。在弥渡大家更习惯叫吹肝为"风肝"或者"蜂肝",尤其是后面这个叫法特指切面似蜂窝,十分形象。制作方法和食用方法都与鹤庆类似,只不过在调味上会有些口味上的变化,弥渡人更喜欢单纯用盐和酒制作吹肝。日常的食用方法上,除了凉拌,还有油炸风肝,是一道很好的下酒菜。

当然,弥渡最有名的肉类发酵食物,要推选"卷蹄"。这是一道工艺相当复杂的发酵美食。弥渡卷蹄的做法,先选重量适中的新鲜猪蹄,拔毛洗净,然后就像进行外科手术一样将其剔骨,空有皮囊的猪蹄等待的是一次重生。被切成条块状的猪后腿、里脊肉,加入弥渡特有的红曲米和草果、盐等调料,揉搓入味,再度塞进猪脚缝合,使得猪脚成形。传统制作时,会用干净的稻草捆绑,放入容器内腌渍三四天,形成初次发酵。然后将其放进蒸笼里蒸熟,冷却后,去掉捆绑的稻草,卷蹄的"1.0版"就完成了。年龄大些的弥渡人喜欢发酵程度更深一些的口感,会把成形后的卷蹄放进铺有萝卜丝的罐子里,密封坛口,进行二次发酵。一个月的时间里,罐内的红曲米发挥作用,进行乳酸发酵,在发酵过程中代谢蛋白质、脂肪和碳水化合物,促进风味化合物产生。除细菌的参与外,卷蹄制品的风味还受到真菌(酵母菌和霉菌)的影响,尤其是红曲霉菌和毕赤酵母菌,丰富的菌属,有助于弥渡卷蹄风味形成。卷蹄成品皮质透明、色泽白红分明,肉香可口,食而不腻。据说弥渡卷蹄在明代嘉靖年间出现,清同治年间被弥渡的翰林尹箫怡带进京,皇帝食用后,被列为宫廷菜,所以有了"500年一种吃法"的美誉。卷蹄一般可保存半年时间,食用时,将卷蹄切成片,冷食、热食均可。过去,弥渡卷蹄是逢年过节用来招待尊贵客人的美味"奢侈品",今天则成了弥渡人心中的一张风土名片,一抹难忘乡愁。

1. 成品吹肝
2. 凉拌吹肝
3. 卷蹄
4. 卷蹄切成薄片,配蘸水食用

西双版纳酸肉

西双版纳傣族自治州（简称西双版纳）以美丽的热带雨林景观为人们所熟知。古傣语的名字"勐巴拉那西"，正是"理想而神奇的乐土"的意思。这里是全国唯一的热带雨林自然保护区，林木参天蔽日，奇花异果勃勃生长。它被誉为"动物王国""植物王国"和"物种基因库"，生物物种丰富、多样。如果选择陆路方式前往首府景洪，随着山峦起伏，你会明显感受到气候、地貌、风物的变化。特别是在穿越北回归线后，绿意越来越明显，空气格外湿润，而满眼大型的热带植物，让你知道自己已经进入全然不同的奇异之地。

西双版纳是一个以傣族为主，包括哈尼族、拉祜族、布朗族、基诺族等20多个少数民族的聚集区，稻作条件优越，农产品、畜牧业丰富，食物的利用及制作方法更为多样。景洪农贸市场无疑是外地人快速打开本地饮食的最佳方式。这里烟火气十足，有着雨林特有的蔬菜、瓜果、鲜花。一路走一路逛，感觉眼睛常常不够用，各种未曾见过的菜品应接不暇，忍不住就会向摊主连连发问："这是什么？那是什么？"市场中十分特别的要数酸肉。傣族酸肉，是在云南这片神奇热土上生活的傣族人广泛制作并日常食用的一种本地传统发酵食物。这里天气湿热，早在冰箱还不普及的年代，一般的肉制品难以保藏。最初应该是出自偶然，人们发现储存了几天的肉类，质地和味道都发生了变化，反而比新鲜时期更有风味。现在虽然统称为"酸"，但它并非我们习以为常的果酸，而是微生物发酵、酶解之后，使得肉产生了微酸的变化，以及氨基酸带来的鲜味，呈现为一种更为复合的风味。

1～3. 傣族酸鱼制作完成后，用塑料袋装好，即可在市场售卖

　　酸肉的主角丰富多样，猪肉、牛肉、鱼肉，尽可制酸。而部位不同，口感也完全不同。市场上卖酸肉的摊位有自己的一套陈列法则，常是腌菜、酸肉、喃咪（西双版纳特色酱料）、调味料组合在一起，盆盆罐罐的各式调味酱，高高低低的腌菜坛子，腌渍着红红绿绿的辣椒，煞是好看。酸鱼一般辣椒不多，用塑料袋装好压成饼状，食客很容易携带；酸猪肉比较粗犷，长条状的肉裹着红色辣椒，称重购买；酸牛肉则切成小丁，放置在罐子中。酸肉的食用方法也简单，加油、青蒜、辣椒爆炒即可。酸牛筋不同，泡在不锈钢盆中，白色透明的牛筋，混合着酸香味浓的汤汁，相当清爽，直接成就一碟夏日冷盘。

　　傣族饮食嗜酸，与其生活地域有关，人们居住在平原坝子，气候较湿热，酸性食物不仅能消食，而且能刺激食欲。当地提供酸的天然调料，异常丰富：酸巴果、嘎里啰、酸芒果、酸哆依、酸木瓜、盐巴果、酸唧唧……酸的风格各不相同。天然酸物之外，擅长制酸，则是傣族人在长久的劳动过程中形成的最朴素、直接的生活智慧，世世代代得以保留下来。逢年过节宰杀的肉类，短时间无法食用完，由于

4~5. 酸牛肉 6. 酸猪脸

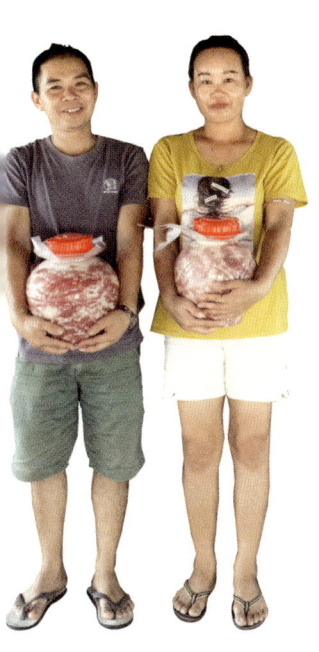

天气闷热潮湿，微生物菌群丰富，食物也易于发酵。从偶然食用微发酵的肉类，到有意识地制作肉类发酵食物，是傣族人从最初的生存问题转变为口味的选择。傣族家庭之前都有做酸肉的习惯，临水而居的寨子里，家家的吊脚楼里都有着几个腌酸肉的瓦罐陶缸。随着时代的不断进步，费时费力的酸肉制作虽然不再是人人擅长，但食用的习惯仍是刻在基因里的惦记。如今手艺保留在村里最手巧的人家，每天在村寨最热闹的市集上，由他们让这特别之味延续下去。

橄榄坝曼燕村的咪井夫妇，从妈妈那里继承了制作酸肉的手艺，加之修炼多年，这门手艺早已成为身体最熟悉的记忆。家里吊脚楼的一楼，就是他们的主要工作场所，每日清晨采购新鲜肉品为原料，每日制作、出摊，成为生活中雷打不动的节奏。酸肉一年四季均可腌制，但制作起来讲究颇多。首先要选择优质的原料，这影响着成品最后的品质与口感。腌制酸牛肉时，水牛肉为佳，选取瘦肉，剔掉

泰版纳餐厅的厨师示范家中制作酸鱼的方法,鱼肉处理好,搭配小米辣、蒜泥、蒸熟的米饭,少量盐调味拌匀,放置3~5天即可

筋结及肥肉,用淘米水洗后,再用清水洗三道。然后,将肉切成丁,加入适量盐、辣椒面等调料和少量糯米饭拌匀,装入玻璃罐内压紧,密封罐口。傣家人喜欢将猪肉、牛肉和鱼肉制作成酸肉,糯米饭是酸味转化的催化剂,可以加速乳酸菌的生长,盐的含量则对致病菌生长繁殖有较强的抑制作用。肉类不同,制作方法大同小异,人的操作之后,则交给时间和微生物,手艺人通过日积月累的制作,已经形成自己独到的经验心得。夏天腌制一周左右,肉即微酸带鲜,即可烹饪食用。冬天温度低,发酵的时间稍长些,经验让他们将发酵过程控制得恰到好处。

购买咪井家酸肉的大都是寨子里熟悉的乡里乡亲,在他们看来,这正是小时候熟悉的味道,长时间不吃就会忍不住想念,或许这就是当地人的胃吧。如今西双版纳城市移民越来越多,外地游客、旅居者从一开始的新鲜尝试,也在融入并理解傣族人特有的食酸、食野、食花的饮食习俗。

南腊河畔的曼龙勒村,是一个典型的傣族传统村寨,每周六的赶摆场,吸引着四面八方的傣族人家,将自家精心制作的各类本土美食,在赶摆场上摆摊出售。赶摆日当天人头攒动,傣家软语和各方口音交织在一起,伴着傣式烧烤的烟雾缭绕,嘈杂却别有风味。赶摆场上少不了酸肉的摊位,傣家阿姐身着传统服装,制作好的酸鱼、酸肉放在高矮不一的竹筒里,有人购买,则利索地用筷子夹起放在袋子中,食客回家只需简单料理,就是一盘好菜。一口鲜美的酸肉就像是一座记忆的桥,再现着节日时寨子里欢歌笑语的画面,熟悉的朋友和亲人围坐在一起,有人举杯,有人起舞。正是这特有的食物味道,连接着过去和现在,讲述着这片土地的故事。

书 溢
发酵手艺人

记得家乡最初的味道

爱尼人书溢,在景洪主理一家叫作泰版纳的热门餐厅,这里是了解西双版纳饮食多样性的窗口。书溢喜欢钻研食物,擅长用本地食材创新味道,传统的傣味料理,邻国老挝、泰国的异国风味,都被她巧妙融合进来。因为餐厅外地游客很多,遇到感兴趣的客人询问,书溢会抱着极大热情介绍本地食物的特点。店里出品的酸肉、酸鱼,是外地游客也非常喜欢的凉菜,"一开始客人觉得很新鲜,没想到吃起来都觉得很好吃。"通过食物让更多人了解这片土地,也是书溢开餐厅的原因。从小到大吃的食物成为生活的密码,是日常的习惯,也会在不经意时触动记忆。空闲时,书溢一家四口会开车100多千米,回到老家勐腊,只为赶一场传统的赶摆场,可以让在城市里生活的孩子记得家乡最初的味道。

摩梭人的成人礼，脚下的猪膘肉必不可少

泸沽湖畔　猪膘肉

泸沽湖一带的摩梭人还有一种非常特别的肉类保存方式,就是制作猪膘肉。虽然与火腿的制作原理相同,包含盐渍、干制的加工过程,但猪膘肉的制作环节却更为复杂。

在泸沽湖环线高海拔的山区,摩梭人聚集的村落里,依然保留着制作和食用猪膘肉的传统。在宁蒗彝族自治县拉伯乡的无量河畔,油米村隐藏在加泽大山的深处。农历十月是制作猪膘肉的好时节,天气寒冷,空气干燥,为了迎接摩梭新年的到来,村子里的土掌房家家都忙碌起来。选个良辰吉日,摩梭家庭里的男人就开始猪的宰杀与前处理工作。自家喂养的猪宰杀后,要经过煺毛洗净、摘除内脏、剔除骨架的步骤,随后抹上高度酒、盐、花椒、草果等调味料,再用麻绳进行猪腹的缝合,并用木塞或玉米棒把猪鼻塞严,以防虫蛀,也形成厌氧的储存条件。用石板或木板压扁,晾干后放置在火塘边或神柜里,猪膘肉一般腌制一年后即可食用,也可以存放五年以上。长年累月的烟熏,缓慢的自然发酵过程,使得平常的猪肉发生了时间的转化,成品看似肥腻,吃起来却醇香厚重。

新年餐桌上的猪膘肉,只需要简单的蒸煮,就能成为让摩梭人充满回忆的味道

农历十二月初一至十二月十三是摩梭新年,特别的日子里有着丰富多样的仪式和活动。东巴作为人与神灵和鬼怪之间的使者,有着重要的责任。做面偶、烧天香、诵经、拜山神之后,就是分享美食

摩梭人多居于交通不便的深山,猪膘肉曾在寒冷的季节里为人们提供生存的能量。劳作一天之后,切上一圈猪膘,可煮、可炒、可蒸,是世世代代摩梭人熟悉的味道。因为它制作起来有着严苛的条件与时间的限制,在摩梭人眼中是珍贵的食物,既承载着一家的温饱和信仰,也有着丰富深刻的文化内涵。

猪膘肉贯穿着摩梭家庭的日常,是待客的珍贵食物,是节日祭祀时的必备品。摩梭新年的大年初一,一圈猪膘肉是少不了的拜年好礼。而节日里每家在祖屋里举行祭拜神灵、敬献祖先的仪式时,更少不了神柜旁的猪膘肉。

油米村的东巴阿公塔制作面偶

  猪膘肉连接着摩梭人生命的重要节点，摩梭儿女举行成人礼仪式时，会穿着传统服饰站在猪膘肉上，叩拜祖先、祖母火神以及长辈。婚礼仪式上，同样少不了用猪膘肉款待亲朋好友。而当一位摩梭人即将走到生命的终点时，老人家也会早早准备几条猪膘肉，家人等主持仪式的喇嘛完成仪式后，会送上这些猪膘肉，完成其与这位摩梭人最后的使命。

  制作猪膘肉是古老的肉类储存方法，在没有冰箱的年代，它为摩梭人储存生存的能量，而在仪式之中的重要角色，则超越食物本身的功能，承载着摩梭人的生活智慧、文化与精神，伴随摩梭人的生活故事世代循环。

乳制品发酵

乳扇和乳饼　　藏地奶酪和奶渣

乳扇和乳饼

发酵食物与土地相连，制作发酵乳制品的先决条件是优质新鲜牛奶的大量存在。云南大理出产的特色风物乳扇，正完美诠释了这种联系。大理州洱源县的邓川镇，素有"乳牛之乡"的美称，有着制作乳扇得天独厚的基础条件。邓川坝子三面环山，南临洱海，源头有茈碧湖、海西海，境内有东西两湖，三江为罗时江、永安江、弥苴河，它们成为邓川镇"川"字的由来，一并汇入洱海。充沛的水源造就河流沿岸水草繁茂，为乳牛生息提供良好的自然条件。洱源在初唐以前已经开始养牛，据《新唐书·南蛮传》记载，洱源人的生活"与突厥同，随水草放牧，夏入高山，冬入深谷"。

没有冰箱的年代，邓川的白族人通过制作乳扇保存牛奶。史料中乳扇制作的文献记载初见于明朝朱权的《臞仙神隐书》，"造乳线法，以牛乳盆盛，晒至四边清水出，煎热，以酸浆点成，滤出，揉擦数次，扯成块，又入釜荡之，取出，捻成薄皮，竹签卷扯数次，棚定晒干，以油炸熟食。"乳扇的制作，酸浆是其中关键。首次制作的酸浆由植物提供，邓川人选择当地的酸木瓜切片发酵而成，发酵时间依不同季节的气温略有差别，一般夏季需要四五天，冬季需要六七天。锅中备好的酸水加热，随后加入邓川的新鲜牛奶，一根竹筷轻轻搅动，眼看着牛奶慢慢发生奇妙的变化，从流动的液态变为凝结的乳白色固体。接下来乳扇的诞生就是熟练的

右页图：
1~4. 大理传统的乳扇制作

传统乳饼的制作依然多用石板压制

乳扇和乳饼

乳扇匠人双手共舞的协奏曲了,只见她将固态的牛奶轻托在手中,轻松绕着食指翻折几次,原本其貌不扬的乳白色固体出落得光滑洁白,令人喜爱;多年的经验使得适宜的弹性与韧性早已了然于胸,将其卷在短木棍上备用;最后则是缠绕于特制的竹竿上等待晾晒定形。晾干后的乳扇,干脆奶香,可以直接食用,亦可撒上玫瑰花酱微烤加热,相信在大理旅游走街串巷时,你都能与烤乳扇的小摊位悄然邂逅。

同样是云南地区的乳制品,乳饼与乳扇制作原理相同,一个"饼"字,一个"扇"字,则勾勒出两者最终形态的不同。乳饼多以鲜山羊奶为原料,同样通过酸浆的加入,促进蛋白质的凝固,但在最终定形时工艺与乳扇不同,会用重物挤压并二次排水形成饼状。早在元代的《居家必用事类全集》中就出现了乳饼的制作方法,你会惊奇地发现 800 年前的制作方法与今天并无区别,酸浆析出蛋白质，最后皆是"绢布之类裹，以石压之"。

云南乳饼主要有石林彝族自治县和大理白族自治州的剑川县、鹤庆县三个产地。其中最为著名的是石林乳饼，在2011年获得农产品地理标志登记保护。石林历史悠久，这里在春秋战国时期为古滇人的居住地，世代居住于此的彝族为撒尼支。元初置为落蒙万户府进入中原版图，沿袭路南之名几百年。1956年成立路南彝族自治县，1998年改名为石林彝族自治县。对于很多老昆明人来说，路南乳饼这个名字更为深入人心。乳饼是本地彝族人的传统食物，而乳饼的出现跟古代彝族先民重视养羊业不无关系。彝族崇羊的习俗历史非常悠久，据《西南彝志》记载，彝族从希幕遮到笃慕三十一代，世居于蜀地，长期崇尚养羊，西周末年时四川发洪水，笃慕部族迁徙到云南东川洛尼白时，还是"骑着他的马，赶着他的羊"而来。其后六祖分支迁向滇中、滇西、滇南一带，也是赶着羊群落地生根。在彝族人的生活中，羊是解决人们衣食的主要来源。而羊奶由于保存受限，经过发酵酸浆制成固体形状的乳饼，既能保留丰富的营养，又方便携带，自然成了最佳选择，一直被延续下来。

无论是乳扇还是乳饼，制作中很重要的一环就是酸浆的制作。今天我们知道背后的科学原理是牛奶中所含的酪蛋白在加热的过程中与酸结合，在热环境中变性凝结。古代先人没有科学原理支持，在生活经验中偶然发现酸性物质可以使得乳制品转化为新的状态，不断总结规律为生活所服务，这也与所有的传统发酵制品有着相同的出现路径，都是一种生活的智慧。在云南，酸浆的制作历史悠久，初次制作的酸浆来自植物源，与地方资源息息相关，大理白族多用酸木瓜，石林彝族酸乳清则用奶藤提供植物酸。初次制作乳扇、乳饼时，将滤出的乳清酸水贮存起来之后，用纱布将罐口盖好，放在火边保温存放自然发酵，五六天发酵变酸后即可用于第二次乳饼的制作，以后每次制作都会留存滤出的乳清以备下次使用。这些酸浆中含有大量乳酸菌和少量酵母菌，它们共同作用，为乳扇和乳饼的加工提供必要条件，在发酵过程中保留了云南当地特有的微生物资源，从而赋予云南乳扇、乳饼特有的风味和质地。

摄影 琦琦

摄影 琦琦

藏地奶酪和奶渣

　　从大理沿着滇藏公路一路向西北方向，随着海拔的不断攀升，眼前的景象也在不断发生变化，高耸的山脉在视线的远端，开阔的草场形成柔和的线条，高原特有的蓝天白云下，牦牛悠闲地吃着草。在迪庆藏族自治州的首府香格里拉，天然草场总面积达 1925 平方千米，使得这里成为牦牛生存的天堂。牦牛与世居于此的藏族人民日常生活有着特殊的连接，牦牛毛加工成毛垫、毛毯，牦牛肉提供生命所需的能量，牦牛奶制成的酥油、奶渣则是每天必不可少的传统食物。即便是到了藏地，利用牦牛奶制作奶渣，依然是利用酸浆的转化。

　　2015 年在法国举办的世界奶酪大赛上，一款用香格里拉牦牛奶制作的奶酪获得了金奖。这款奶酪的名字叫作"贡姆"，制作奶酪的藏族阿姐叫鲁荣卓玛，她用生长在海拔 4000 米的贡姆来命名，这是牦牛爱吃的食物，7～9 月开花，牦牛们在吃了这种草后，奶格外香浓，做出的奶酪品质自然好。

1~2.传统的藏式奶渣 3~4.卓玛制作的牦牛奶酪

　　藏族聚居区原来并无制作和食用奶酪的习惯。2004年经由一些发展机构的推动,引进技术并提供资金支持,通过无数次的尝试,贡姆这款硬质奶酪成功发酵,成为如今这里奶酪的代表。这种被认可也是卓玛坚持制作奶酪20年来的动力。在她眼中:"我们的牦牛奶非常好,牦牛奶酪是最特别的。"

　　她有这等底气,是源于对自家牦牛生长环境的自信。卓玛家的牧场海拔4000米,位于香格里拉和稻城亚丁之间的一片高山湖泊旁,草场丰美,环境宛如仙境。藏族人有种说法,牦牛喝的是富含矿物质的雪山融雪,吃的是原生态的天然草料。母牦牛日产鲜奶不到2千克,仅是普通奶牛产量的十分之一,所以奶汁浓稠，富含蛋白质，也被誉为"奶中之王"。

在香格里拉努力了18年未能拿下工厂的生产资质，卓玛最后在2023年将奶酪厂落在了理塘，开启了香格里拉、理塘两地的奶酪发酵制作之路。每年七月底开始制作奶酪，集中加工的一个月时间里，早上九点开始，晚上十二点结束，全凭手工制作完成每一个步骤。这是最繁忙的季节，因为母牦牛到十月就不产奶了，而且新鲜的奶制作奶酪风味最好，与时间赛跑，是基本的日常。前三个月将奶酪在理塘晾干，冬天太冷的气候不利于发酵阶段，还需要把成形的奶酪运到香格里拉无底湖的发酵室。发酵阶段，温度和湿度的变化都会影响微生物的生长状态，所以耐心地看护尤为重要。"今天和明天的发酵程度都不同，这个阶段，每天都离不开人，要用你的心思去照顾它。"时间是发酵最好的朋友，每一块贡姆奶酪制作完成后最少在工厂持续自然发酵一年后才会出厂，它们风味十足，带着藏地的自然气息，后期存放可达两年甚至更长的时间。

回顾这20年的奶酪制作之路，卓玛虽然没能完全习惯牦牛奶酪的味道，但她单纯地喜欢做奶酪这件事，"这对我们藏族人有特别的意义，这是唯一可以进入大城市的牦牛奶产品，虽然辛苦，但我就是想坚持下去。"

鲁荣卓玛

发酵手艺人

Q 制作好奶酪的关键是什么？

A 首先要有好的奶作原料，其次需要精心看护奶酪的发酵阶段。奶酪制作是我们和自然界的合作，就像照顾一个孩子！

蔬菜发酵

酸腌菜　腌韭菜花　茄子鲊　开远甜藠头　酸笋

在云南,蔬菜发酵同样与茶马古道有着紧密的联系,其间,一些重要通道,都有腌菜的身影。也有传说腌菜的腌制来源于赶马帮的马夫之手。想想走马帮时常是几个月行走在外,赶马的马夫们携带的青白菜难以挨过那漫漫长路,就尝试着用盐巴腌制以后携带,既能解决青菜保存的问题,又能给途中增添一丝美味。就这样,腌菜的腌制方法在行走的村寨中结合本地的物产,代代流传了下来。

酸腌菜

云南十八怪之一,出门爱带酸腌菜。酸腌菜在云南人的饮食中存在感太高了,几乎天天出现,煮面、米线、饵丝都要放酸腌菜。与其他地区只把腌菜当作下饭小菜不同,云南人的酸腌菜是滇味菜的灵魂之一,在烹饪中功能颇多,既可去腥、解腻,也能提味、增鲜。所以无论餐厅大菜,还是家庭小炒,云南人喜欢把酸腌菜配入其他菜肴烹饪,比如酸腌菜炒肉、酸腌菜老奶洋芋、酸腌菜炒饵块、酸腌菜炒蚕豆、酸腌菜烧鱼等,都是点单率极高的下饭菜。云南酸腌菜分为水腌菜和干腌菜两大类。颜色上或青碧、或土黄,与其他地区腌菜相比最大的特点是味型上的丰富,

泡菜坛的发明和普及与古代中国人的饮食习惯密切相关。陶制容器成熟的制作工艺,使得腌菜可以深入寻常百姓家。《齐民要术》中在介绍发酵相关的酿酒、腌菜、制酱前就介绍了陶器的涂治

咸、甜、香、辣中和平衡,造就它不论是凉拌、爆炒,还是热煮、煨烧、蒸制,皆能贡献自己特有的风味,形成云南独特的酸菜文化。酸腌菜的主原料是大叶青菜,云南人称之为苦菜。在云南省内,除滇北的高寒地区,其他各地区都有自己的特色酸腌菜,以弥渡、新平、巍山、永平、腾冲等地为代表。

在云南民间有这样一句俗语:"弥渡酸腌菜,云南人最爱。" 弥渡县地处大理州的东南部,有着"民歌之乡"的美称,被誉为东方小夜曲的民歌《小河淌水》正出自这里。弥渡咸菜种类繁多,主要有酸腌菜、腌豆腐、酱豆、糟辣子、腌豆豉、腌萝卜干、腌皮萝卜、腌蒜苗等10余种,其中又以酸腌菜最能代表弥渡咸菜的风味特色。选用弥渡特有的粉秆大青菜为主要材料,胡萝卜、白萝卜为辅料,撒入盐、辣椒粉、红糖、茴香面等配料,利用土罐(土坛)密封发酵而成。因在腌制过程中选用的大青菜自身的水分含量以及辅料配比、腌制季节等的不同,就形成水腌菜和扑菜两种。水腌菜是不分时间季节一年四季随做随吃,扑菜制

作时间一般在冬季,腌制后可以存放一年以上的时间。

新平彝族傣族自治县位于滇中,地处哀牢山脉中段东麓,玉溪市西南部。"新平腌菜"具有悠久的历史,清朝康熙《新平县志》就有"天地生物,唯供斯人之食耳,厥谷、花卉、野菜无不腌食之……"的记载。新平腌菜在选料上十分讲究,比如酸腌菜的青菜需是冬季新平坝子产的扁秆大叶青菜,具有棵大、秆宽、脆嫩的优点;韭菜是九月剪过韭菜花的老韭菜;芥辣菜则是三四月间刚长出的小苗。配料主要有盐、辣椒面、花椒面、八角面、少许红糖和白酒。盛腌菜的容器要选择密封性能好又能透气的土陶罐。本地的食材要在本地腌制,才能做出独特的新平味道。

巍山彝族回族自治县位于大理州南部,建置历史悠久,是南诏国的发祥地,中国名小吃之乡,巍山人对吃非常讲究,在民间一直有"玩在大理,吃在巍山"的说法。巍山的腌咸菜种类繁多,以本地出产的优质蔬菜为主要原料,经过清洗、

巍山古城　　　　　　巍山城内常见的咸菜摊

腌制、发酵、脱水等一系列烦琐而精细的工序，最终呈现出口感丰富的巍山腌菜。麦兰腌菜，是巍山咸菜中的独特存在，它的制作原料主要选用冬春季节才有的山地野生麦兰，这种麦兰生长在麦田中，散发着独特的清香，制作时间只在成熟的一个月前后，新鲜采收的麦兰与胡萝卜丝相互融合，经过精心揉制，腌制发酵的时间要足够，传统的巍山手艺人坚持一年时间，它特有的香气才会被激发出来，最终呈现出酸中带甜、脆嫩润口的口感。巍山的蔬菜发酵还有许多其他品种，如皮萝卜，所谓"皮"，取义"疲软"，腌制前将萝卜条晒到绵软，腌好的皮萝卜甜脆爽口、辣味十足；糟辣子，色香浓郁，非常适合煮鱼；而腌辣椒、泡姜片、酱大蒜等，虽然都是利用乳酸发酵，但绝佳的调味，精准的时间控制，使得它们各具特色，有的酸辣可口，有的鲜香四溢，有的爽脆开胃，有的醇厚回甘，共同构成了巍山腌咸菜丰富多彩的风味体系。

永平腊腌菜，以杉阳出产的为佳，传统只在腊月才可制作。主要原材料是独产于杉阳的冬青菜，这种青菜的体积较大、茎叶发达，在收成之后，要晒干里面20%～30%的水分，晒得太干会影响口感，而水分过剩则会引起腐烂。除了冬青菜以外，少量的苤菜根也是原料之一，苤菜根是宽叶韭的根部，贡献其独特的香气。盐、糖、姜、辣椒、酒等调料加入调味，糯米稀饭则是其中最独特的作料，这是老一辈留下的配方,正是这个催化剂,能让永平腊腌菜的发酵进行得更为充分,经受时间的转化,留存了美味。

腾冲位于保山市西部,地处横断山脉南端,是我国著名的新生代火山区。这里被称为"极边第一城",一直是古代南方丝绸之路通往南亚的边境商贸重镇。商人、马帮行走频繁,漫漫长路中腊腌菜总是最好的储存蔬菜的方式。腾冲的腊腌菜,是冬天里的仪式。优选腾冲绮罗绿青菜,茎叶青绿,鲜嫩爽脆,经过晾晒和霜冻后的青菜,摘去坏叶,清洗干净后晾干水分,再切细,然后把胡萝卜、苤菜根切细,一并放簸箕再次晾晒一两天。腌制方法与永平腊腌菜类似,先是熬制一锅糯米稀饭,把稀饭放凉,把红糖切细备用。腌制时,把白酒、红糖、盐、辣椒面等调料放入青菜、胡萝卜丝、苤菜根上,在簸箕里搅拌均匀,再把稀饭倒入后用力揉搓。最后放入坛子里压实、封口,让它在寒冷中静静发酵,这样腌出来的腊腌菜,爽脆又有韧劲,是冬天里暖阳的味道。

云南市场内的酸腌菜摊种类繁多

德宏水腌菜连汤带菜装在塑料袋中售卖

常规的吃法之外,云南还有道特别的水腌菜"拌蜂儿"。在普洱市下辖的景谷傣族彝族自治县,当地人最爱一道"发水腌菜拌蜂儿"。蜂儿,顾名思义就是蜜蜂的幼虫。自制的水腌菜是把老青菜或青菜苔略晒瘪后洗净、切小段,然后放入坛罐里,用适量盐调味,倒入凉开水没过它,自然发酵一周后开坛食用。蜂巢里幼虫太小,景谷人会用开水烫软蜂巢,除去异质留下蜂儿,淘洗干净,控干水分晾好,然后用水腌菜作为主料,把蜂儿放入其中,再加入小米辣、生韭菜、蒜末、大芫荽、酱油、盐、味精等佐料,搅拌均匀食用。蜂儿的肥嫩甘鲜、腌菜的酸甜馨香,搭配起来,是景谷人无法拒绝的美味。

地处滇西南的德宏州,人们热爱酸味,除了柠檬、木瓜等天然植物酸,同样是自己制酸的高手。利用蔬菜发酵的腌菜就有多个变种,除了水腌菜,还有干腌菜和腌菜膏。制作干腌菜耗时久，选本地新鲜的嫩萝卜，去掉萝卜留下萝卜缨，首先暴晒几日使其脱水干燥，然后再用清水浸泡使其保持植物的韧性，这是获得干腌菜口感的重要一步。随后用蒸熟的糯米均匀揉搓萝卜缨，入缸，倒入糯米汤腌泡，放重物密封厌氧发酵。一个月的时间，乳酸发酵产生酸味转化。开封捞出发酵好的萝卜缨，坛中酸水大火熬煮，即成风味独特的腌菜膏，它是云南傣族特有的风味酱膏，有种说法是"没有吃过腌菜膏，就不算吃过傣味"。在当地，它能与酱油、醋等调味料比肩，是傣味的美味秘方。而发酵后的萝卜缨还要再次与阳光进行亲密接触，一周的晾晒，完全脱水的萝卜缨韧性十足，棕黑的颜色看上去其貌不扬，却最终形成特别的风味。晒干的干腌菜可以保存两三年，当地最常见的吃法就是用来冲酸汤，几根干腌菜，几包小米辣，几根芫荽，一块姜，一些盐，用开水一冲，就成了德宏人最爱喝的干腌菜汤。既是雨天的一丝暖意，也是酒后的解酒神汤。而它的孪生兄弟腌菜膏，最显身手的地方则是在烟火气十足的烧烤架，与灵魂伴侣折耳根一起，打造酸爽开胃的腌菜膏蘸水，与吱吱冒油的烤肉相遇，如此和谐，令人着迷。

晒好的干腌菜

干腌菜汤有着特殊的酸味，十分清爽

腌韭菜花

  汪曾祺曾评论说："云南的韭菜花和北方的不一样。"腌韭菜花在云南多见，但要数曲靖的最有名。每年农历的七八月时，正是韭菜花盛开的时候。韭菜一开花，韭菜也就吃不成了，而曲靖人民却别出心裁，创造出了腌韭菜花这一美味。传统的曲靖韭菜花腌制很特别，先是把花、籽相伴的韭菜花剁开，加入适量的盐、白酒搅拌均匀，入坛发酵几天；再加入干苤蓝丝、辣椒、红糖、白酒进行再次腌制，封坛腌制半年左右即成。这时的韭菜花香气袭人，吃在嘴里脆爽鲜美、咸中带甜，很是爽口。从清光绪年间开始，曲靖韭菜花迄今已有100多年的历史。抗日战争时期，曲靖是通往川、黔两省的主要通道，腌韭菜花味道好，容易携带，销量大增，也因此被更多外省人知道。

茄子鲊

古人利用米中的淀粉，在酶的作用下水解成糖，转化为乳酸，保存肉类。但云南人的蔬菜鲊，则是把"鲊"这种方法延展到了蔬菜身上。在云南的昆明、澄江都有蔬菜鲊，茄子鲊比较多见。把茄子切成细丝晒干、蒸熟，放入切好的辣椒，再放入米粉或苞谷粉以及茴香子等香料，充分拌匀后放入鲊罐中腌制。几个月后，腌制好的茄子鲊掏出来放入油锅里炒香，是道下饭的好菜。

开远甜藠头

开远甜藠头是云南著名特产，是当地腌菜师王宝福在1914年首创。开远甜藠头能成为名产，重要的是原料好。山区种植藠头的历史悠久，这里的藠头个大色白，腌后的成品皮软肉糯、脆嫩无渣、微辣回甜，当地称为"糯藠头"。制作开远甜藠头时，先将藠头剪去根须，洗净、去老皮、晾干，将鲜辣椒去柄、洗净、剁碎，加上盐、红糖、辣椒搅匀调味，入瓦罐腌制，两三个月即成，可开胃、解腻、醒酒。

酸笋

德宏、西双版纳属热带季风气候区，常年温暖湿润。食酸，有助解暑开胃，制酸是当地傣家多年的饮食传统。由于本地山林密布，竹林成片，应季加工酸笋成为很自然的选择。笋的种类很多，口味上也会有区别。选嫩笋剥皮洗净，切丝入坛，用山泉水浸泡，储存在罐内密封发酵两周左右，自然变酸。切小米辣，与腌制好的酸笋丝混合，加入适量盐和酒拌匀，可以储存一年之久。如果把发酵的酸笋取出晒干，即为干酸笋丝，方便携带运输。在本地的傣族、景颇族人家，酸笋是家家必备的罐子菜，万物皆可配酸笋，它负责在天气炎热时点亮菜品。煮菜、炒菜加入，鲜酸兼具，别有风味；煮鱼、煮排骨加入，既可解腻，又能增鲜。

云南茶发酵

普洱熟茶　酸茶

云南茶叶的种植、生产历史悠久，但相对于中原地带而言，云南地处边远，深山阻隔，加之民族众多，语言不通，致使云南茶的早期文字记载资料缺失，在唐代陆羽所著的《茶经》中并未提及。

关于云南茶叶最早的文字记载，晚于《茶经》，唐懿宗咸通二年（861年），樊绰的《云南志》物产篇中提到："茶出银生城界诸山，散收，无采造法。蒙舍蛮以椒、姜、桂和烹而饮之。"银生城，即今思茅地区景东彝族自治县，是当时南诏六节度之一银生节度的所在地，也是南诏对东南亚海外贸易的重要城镇。当时银生节度的管辖范围包括今思茅、西双版纳等地区，两地是山水相连的一个自然整体，地理、气候、土壤等自然条件也相同或相近，特别是两地都具有多雨多雾、温热湿润的气候特征及肥沃疏松的土壤状况，有利于茶树的生长。茶的背后是人，本地的布朗族、德昂族、佤族、哈尼族等，都是较早驯化并利用茶叶的民族。得天独厚的自然地理条件，使思茅、西双版纳地区成为云南大叶种茶树的最佳生长地，也是中国茶重要的原产地。

樊绰同时提到云南茶叶"无采造法"，历史上云南的制茶工艺一直落后，直到明初中央政府在云南实行"屯田"制，汉族人口激增，同时也把先进的生产技术引入云南。在茶叶生产制作方面，明初以来，云南茶叶生产技术水平不断提高，比如散茶生产工序的改进，从最初直接将鲜叶晒干，逐渐发展成杀青、揉捻、晒干等一整套晒青毛茶加工工序。

从唐朝开始到宋代，中原地区的制茶都是紧压成团，饮用时碾成细末。明代开始，散茶成为中国茶的主要形制。但因云南地处西南，山高水长，交通不便，同时由于茶马古道上长途运输的特点，加工为饼茶、团茶、沱茶、砖茶等紧压茶的形式，并未被废弃。明万历年间，进士谢肇淛在任云南右参政期间编撰的《滇略》一书中记述："士庶所用，皆普茶也，蒸而团之。"云南茶叶种植历史悠久，然而我们今天所熟悉的"普洱茶"之名，正式出现的历史并不长。清雍正七年（1729年），普洱府正式设立。1825年京城青年阮福随父来滇，写下的《普洱茶记》是较为完整介绍普洱茶的一篇，提及六大茶山和茶叶的采收及贡茶的种类。

根据发酵程度来区分，当时的普洱茶类似于今天的普洱生茶。2008年12月1日，正式实施的国家标准《GB/T 22111-2008 地理标志产品普洱茶》，按其加工工艺及品质特征，将普洱茶分为普洱生茶和普洱熟茶两种类型。普洱生茶是由大叶种晒青毛茶直接蒸压成形，未经发酵，属绿茶范畴；普洱熟茶是晒青毛茶在较高温度和较高湿度的环境条件下经"渥堆工艺"进行发酵，后经干燥而成。而市面上提到的普洱陈茶，则是普洱生茶经过长时间存放而自然老化或自然发酵而成，但并非时间越长越好，特别是存放环境的温度、湿度等条件，才真正决定茶叶最终的品质。而属于前发酵的滇红茶的出现则是在1937年之后，为了保护我国红茶的发展，在云南的凤庆成功试制。随后由于云南临沧、保山、凤庆等产地独特的自然地理条件，也成就了滇红独特的风格特点。

在云南还有种非常特别的茶类发酵叫作"酸茶"，它属于最早驯化茶叶的布朗族、德昂族的饮食生活智慧，将茶叶发酵出微酸之味，成为民族独特的味觉记忆。

云南大叶种茶及茶花

景迈山上的布朗古寨被群山包围,自然条件优越,植物无比茂盛

普洱熟茶

普洱茶可以陈化发酵,这个结论最早到底是如何得出的,存在各种说法,并无定论。但正是发酵这个转化,造就了它的诸多特性与功效,使其在我国茶行业中占据重要地位。

发酵最初的产生都是源于自然,放到普洱茶的发酵也不例外。有种主流说法将普洱茶最初的出现归结于马帮的长途运输。兴于唐宋,盛于明清的茶马古道,将思茅、普洱、西双版纳的茶叶经大理、丽江转运至四川、西藏。装于竹篓中的普洱茶饼,因山路崎岖需长时间的运输,加之一路上气候变化,茶叶在长途储运过程中发生了微妙的发酵转化,也偶然形成了普洱茶独特的色泽及陈香风味。这种微发酵的普洱茶汤色红艳,后来在广东、香港等沿海地区的茶消费市场大受欢迎,也使得云南茶厂在技术上追求演变,以符合市场的口味需求。

早在1959年,广东茶叶进出口有限公司开始进行加速普洱茶后发酵的实验研究,形成了一套自己的普洱茶发酵新工艺。1973年初,云南省茶叶公司了解到,香港客户需要发酵的红汤普洱茶,而这种茶广东有生产。当时昆明茶厂、勐海茶厂、

景迈山上的布朗族人每到采茶季节都会在自家门前忙碌

大理下关茶厂分别派出相关人员，组成七人小组赴广州茶厂学习普洱茶渥堆发酵生产。渥堆，指的是把成堆的散毛茶置于特定的温度和湿度下，让堆子在短时间里产生特别的菌群，而隔时翻堆则人为地为微生物的酶促反应形成有利条件。换句话说，"渥堆"就是人工加速发酵的过程。1975年，人工渥堆制作的普洱茶基本定形。1979年拟定的普洱茶加工技术规程中指出：云南普洱茶是大叶种云南晒青毛茶经后发酵作用形成的散茶和紧压茶。直到2006年，云南省制定了普洱茶地方综合标准，明确指出普洱茶是云南特有的地理标志产品，是以符合普洱茶产地环境条件的云南大叶种晒青茶为原料，按特定的加工工艺生产，具有独特品质特征的茶叶，分生熟两种类型，这是普洱茶在产品形式上第一次出现生熟普洱茶的概念。

普洱熟茶生产工艺的最关键工序为渥堆发酵，这也是与古代普洱茶制作工艺的最大区别。一般来说，渥堆工艺要持续一个月左右，不过近年来也有厂家为了减轻堆味、增加口感而改良工艺，采用低温、少量多次洒水、长时间发酵，渥堆时间甚至达到了三个月。按照经验，制茶师傅会定时翻动茶叶和洒水，以控制茶堆的温度和茶叶发酵的环境。而普洱茶的呈味物质正是在渥堆发酵和干燥贮藏过程中形成的，主要包括茶多酚、茶色素、儿茶素、咖啡碱、游离氨基酸、水浸出物等。普洱茶在渥堆发酵过程中，不同原料和不同环境导致微生物种群有所不同，不同时期微生物菌群结构也不尽相同，在发酵过程中优势菌也在发生相应变化。

近年来，关于普洱茶中微生物的分离鉴定、分类以及与普洱茶品质关系的研究取得较大进展，霉菌是从普洱茶中分离得到的种类和数量最多的一类微生物，酵母菌、细菌次之。

普洱茶渥堆发酵的实质是这些微生物产生的酶（如多酚氧化酶、蛋白酶、果胶酶、纤维素酶等）催化晒青毛茶内含物发生的复杂化学反应。普洱茶的内含物在微生物分泌的胞外酶和湿热条件作用下，发生氧化、聚合、分解、缩合等一系列反应，各组分之间发生转化，含量发生改变，经过各种呈味物质的相互协调，形成普洱茶独特的汤色和口感。普洱茶的味觉类型与主要呈味物质各自特点如下。

味觉类型	主要呈味物质
鲜味	**游离氨基酸**：与其他茶类相比，普洱茶中游离氨基酸种类丰富，直接决定普洱茶的鲜爽度
苦味	**咖啡碱**：咖啡碱又叫咖啡因，咖啡碱是构成普洱茶茶汤滋味的重要成分之一，其含量与普洱茶的滋味呈正相关关系 **茶多酚**：茶多酚是形成普洱茶品质成分的重要物质，在发酵过程中主要转化成茶色素，而茶色素的含量和比例直接影响茶汤的色泽和滋味。茶色素的主要成分为茶褐素、茶红素、茶黄素，是茶多酚的氧化和聚合产物，赋予普洱茶茶汤汤色红浓、明亮、醇厚的独特品质
酸味	**有机酸**：微生物发酵代谢或糖类氧化
甜味	**可溶性糖**：多糖的酶解或发酵降解
醇厚感	**水浸出物**：普洱茶中水浸出物是指茶叶中能溶于热水的物质，其含量的高低标志着茶叶中能被冲泡出来的可溶性物质含量，直接影响茶汤滋味的浓度和厚薄

从饮食人类学的角度看，茶不仅是一种饮品，还蕴含着丰富的象征意义。作为中国的国饮，茶在中国人的生活场景中频频出现，此外还与信仰、情操、生活态度等紧密相连。云南是茶的重要原产地，普洱茶是让世界认识云南的一个重要媒介，承载着高山密林深处自然的生活方式，而历经时间发酵的普洱熟茶也被赋予了更多的象征意义。

酸茶

酸茶

  德昂族是聚居在中国和缅甸交界地区的山地少数民族,他们源于古代的"濮人",是早在公元前 2 世纪就居住在怒江两岸的民族。生于高山密林中,他们的生活与自然产生了极度紧密的关联。德昂族以茶树作为图腾来崇拜,视茶树为自己的保护神和始祖神,更有"古老茶农"之称。德昂族民间神话史诗《达古达楞格莱标》描述的就是远古时期德昂族与茶树生生不息的关联,称"德昂族是茶叶变的,茶是德昂族的根"。今天德昂人的生活印记中,延续着从远古而来的茶香,种茶、饮茶、送茶,茶贯穿于生活的各个场景。无论何处,德昂族所居之地,必种植茶树。饮茶,则是日日的陪伴与习惯,有着"早上一盅,一天威风;中午一盅,干活轻松;下午一盅,提神去痛;一日三盅,雷打不动"的说法。茶不仅是德昂人日常生活中的重要饮品,在他们的社会生活中也有着非常重要的地位。德昂人讲究"茶到意到",宾客临门,必先煨茶相待;走亲访友和托媒求婚时,必以茶为见面礼;若有喜事需邀请亲朋光临,一小包扎有红十字线的茶叶便成了

"请束";如两人产生矛盾时,有过失的一方只要送一包茶,就可求得对方的谅解。生活中事事都可以茶为媒介,表达心中深意。

茶叶记载着德昂人的思想情感、人生追求,凝聚着德昂族的日常生产生活、居住环境、精神信仰。而酸茶,则是德昂族最具有特色的茶饮。2017年,德昂族酸茶制作技艺入选第四批云南省级非物质文化遗产。2021年,德昂族酸茶制作技艺经国务院批准,列入第五批国家级非物质文化遗产代表性项目名录。2022年底,我国申报的"中国传统制茶技艺及其相关习俗"通过评审,列入联合国教科文组织人类非物质文化遗产代表作名录。其中,云南省德宏傣族景颇族自治州芒市"德昂族酸茶制作技艺"作为子项目入选。几年来,德昂酸茶从原来深藏山中的古老记忆,制作技艺甚至曾一度濒临失传,到今天备受关注,引发了外界的好奇心与关注热度。

三台山乡是全国唯一的德昂族聚居乡,德昂人世代在这片土地上繁衍生息。出冬瓜村是乡里最古老的德昂族村寨,建寨已有500多年历史。从德宏州首府芒市开车到这里仅需一个小时车程,就已经把喧闹的城市远远抛在身后。在这里,有着典型的热带山地景象,遍山的凤梨田连绵不断,竹林在寨子前随风摇摆。茶是德昂人最传统的提神饮品,种茶、饮茶、送茶,记述德昂族从远古走来的足迹。而其中最为特别的要数酸茶制作,这项古老的技艺曾辈辈相传,后来因历史原因濒临失传。本地的非物质文化遗产代表性传承人杨腊三从族里老人的口口相传中了解酸茶的制作,并前往缅甸与同根同源的德昂族人交流学习,最终在2000年,

就地取材本地龙竹做成的竹筒,是酸茶发酵的重要工具

拾起了传统德昂族酸茶的制作工艺，在出冬瓜村建起茶坊，以传统的制作技艺生产酸茶。酸茶独有的风味源自特有的制作技艺。德昂人从春天开始采茶，通常择纯高山乔木古树大叶种作原料，按时间先后顺序分清洗、蒸茶、发酵、舂制、晾晒等加工工序。其中，发酵是酸茶制作最为重要的一环，发酵成功与否很大程度上决定着酸茶质量的好坏。酸茶发酵的工具是取材本地的成年龙竹，先切成高约 80 厘米的竹筒，将蒸好后的茶叶放入竹筒内压实，用新鲜芭蕉叶扎紧封口；随后放入事前挖好的发酵坑内进行自然发酵。通常情况下，湿茶一般只需发酵 30 天左右，干茶则至少需要发酵两个月，方能确保制作基本成形。湿茶发酵完毕，取出晾晒干，储藏起来，食用时再取出用清水泡开，捞起来加入盐、辣椒、花椒油、酱料、豆子等做成凉拌酸茶，味道鲜美。干茶发酵好后，需舂成茶泥，制成茶饼晾晒。泡饮时用沸水冲泡，茶色金黄透亮，嗅之微酸，饮之清爽，生津回甘，有着特殊的发酵香气。

每当茶山上响起德昂族古歌"采茶调"，那就是到了制作酸茶的时节。如今的出冬瓜村有新寨和老寨两个区域，在老寨，不少的家庭都回归并从事制作酸茶的生计，年轻的"00 后"德昂族女生安容，之前在芒市工作，如今也被爸爸喊回家帮忙制作酸茶，对于她来说，这是熟悉又陌生的传统，但是只要开始，总是一件充满希望的好事情。

然而在云南，制作酸茶并非德昂族的专利，在西双版纳、普洱热带山区居住的布朗族，同样也有着制作酸茶的传统。

布朗族，源于古代的"濮人"，分布在滇西南澜沧江和怒江中、下游两侧海拔 1500～2300 米的山麓地带，与佤族、德昂族有着族属渊源关系。普洱市澜沧拉祜族自治县境内的景迈山以普洱茶闻名，在 2023 年 9 月，"普洱景迈山古茶林文化景观"被列入世界遗产名录，这也是全球首个茶主题的世界文化遗产。进入景迈山，沿山路盘旋上升，人会轻易迷失在这参天古树间，特别是雨后，山间云雾缭绕，满眼苍翠丰富，宛如古老的仙境。芒景村的翁基寨被誉为"千年布朗古寨"，布朗族的先民被学术界认为是云南较早开始种茶的民族之一，他们世世代代围绕大寨栽种茶树，栽培历史有着千年以上。布朗人家与茶树有着深厚的感情，更深深敬畏古茶树所依存的自然环境,形成"林间开垦,林下种植,多样立体"的种植特点。如今景迈山的古茶园面积达万亩,古老的村寨掩映在绿色茶树之间,走在古茶林,可以真切感受到乔木、茶树、草本相结合的立体群落结构,多种植物、动物和微生物和谐共生,使得景迈山的茶有着独特的风土呈现。每年四月到六月,正是布朗酸茶制作的时节。采茶、晾干、揉捻、杀青,茶叶在温度与水中经过洗礼,褪去青涩,留住鲜活,在风中沉静,迎接发酵的转化过程。除了竹筒埋土,布朗族与德昂族不同的制作工艺中有入陶坛发酵的方式。最后依旧是交给时间,两至三个月的厌氧发酵,景迈山特有的微生物菌群使得酸茶完成了自己的华丽转身。布朗酸茶没

身着德昂族传统服装晾酸茶的安容

有德昂酸茶后续的春制、晾晒、定形的工艺,发酵时间相比也略短,这使得布朗酸茶的茶感更强,发酵转化的酸味相对较弱。

除德昂酸茶、布朗酸茶之外,泰国、缅甸及日本等国的部分地区也保留着类似于中国酸茶的发酵茶,其中产自泰国北部清莱、帕尧、清迈等海拔 600～1000 米山麓地带的可食用酸茶"Miang",与中国酸茶最为相似。这种酸茶的历史应该可以追溯到古代越人、濮人等山地民族的迁徙路径,相同的饮食传统与习惯被保留下来。如今不同地区的酸茶虽存在地理环境及文化差异,但加工过程均可分为原料前处理、多菌种附着发酵及后处理等三个阶段。主要发酵菌群为酵母菌、丝状真菌及乳酸菌,由于乳酸菌等微生物和茶叶中水分的协同作用,各产物之间发生氧化、缩合、聚合等一系列反应,使其转化为茶叶中的有益成分,形成酸茶独特的风味物质。

遥想德昂族、布朗族的先人们一路迁徙南下来到云南的深山,无论选择在哪里停下脚步,都会在这里种下茶树。千百年来,茶和发酵茶的技艺成为民族传唱的古老歌谣,回响在每段生活场景之中,从生养婚娶、饮食起居到往来应答、岁月节令……一年四季,岁月流转,不熄的火塘边,酸茶的故事都将永远延续下去。

咖啡发酵

云南咖啡产区主要位于北纬21°~25°，与全球著名的咖啡种植带重合。大多数的地区海拔在800~2000米，地形起伏很大，多以山区地形为主，空气湿度较大，日照时间长，昼夜温度相差也很大，云南这些拥有最佳海拔高度和气候条件的地方，成为种植小粒咖啡的黄金地带之一。

云南咖啡的种植历史可以追溯到1904年，据《云南省志·农业志》记载，咖啡树从国外引入云南，首次在大理州宾川县朱苦拉村进行种植。朱苦拉村这片古老的咖啡林是中国咖啡的发源地，是我国最完整的外来农业物种遗产遗迹。1952年，云南省农业科学院热带亚热带作物研究所的研究者们将咖啡树种子从朱苦拉村带到保山栽种，云南咖啡开启了大面积种植的路程。如今，德宏、西双版纳、怒江三州和普洱、保山、临沧三市已成为云南咖啡的主要产区。截至2022年，云南咖啡豆种植面积达800平方千米，产量达11.36万吨，全国98%的咖啡种植面积、99%的咖啡产量均在云南。

咖啡在云南主要采用的初加工方式是湿法、干法和蜜处理，其中，云南小粒咖啡初加工80%以上以自然湿法发酵为主。这些初加工方式都有微生物的参与，参与咖啡果发酵的微生物包括细菌、酵母菌和霉菌，其中细菌优势菌为肠杆菌属、芽孢菌属、假单胞菌属和泛菌属。

微生物发酵是提高咖啡质量的重要一环，简单来说，发酵不仅可以脱去果胶层，还可以利用微生物发酵，稳定咖啡的风味特征。

摄影 祁卷卷

咖啡豆在 11 月至次年 3 月成熟，采摘后要及时进行下一步处理　　梅子邀请艺术家利用咖啡渣制作的冥想屋是大开河咖啡庄园的亮点

在发酵初期，微生物以好氧细菌为主，随着发酵的进行，酸度不断提高，细菌数量逐渐减少，酵母菌数量增多，特别是假丝酵母菌属出现的频率较高，为咖啡的风味活性物质提供了重要的贡献。酵母菌在发酵中可以产生醇类、肽类、酯类、酮类、酚类和酸类等芳香挥发性物质。酯类化合物大多都具有水果和花香味道，它们的来源主要是脂肪酸和醇类化合物的酯化反应。酮类化合物大部分都具有令人愉快的气味，在挥发性物质组成上占有重要地位。醇类化合物和水都是极性分子，这些分子在味道的感觉上显现为圆润柔和。挥发性物质是评价咖啡风味的主要的标准之一，是影响咖啡风味的核心物质。

普洱的大开河村可以说是近 30 年来云南咖啡产业的一个缩影。大开河村位于普洱的思茅区南屏镇，从 1988 年开始种植咖啡，是普洱市最早实现规模化种植咖啡的区域。然而长期以来，普洱咖啡产业一直偏重第一产业，第二、第三产业发育不全，以销售低价原料为主，附加值不高。2009 年，梅子的父亲成立大开河咖啡专业合作社，作为"咖二代"的梅子是妥妥的"90 后"，在 2015 年大学毕业后接手了父亲的咖啡事业，一路走来，从改变种植方式开始，到改善咖啡种植环境，保持人工除草、施有机肥、建设优质的咖啡大田。经过几年的努力，其中约 66 万平方米已于 2018 年取得欧盟有机认证。随后传统的加工方式也迎来了改变，专业的采摘团队、不同的烘豆程度以及咖啡豆的发酵尝试，都使得大开河咖啡庄园备受关注。在这里，你可以和咖啡来一场亲密的邂逅，在用咖啡壳废料搭建的"月球冥想屋"里打卡拍照，走进咖啡林采摘红彤彤的咖啡鲜果，从种植到成品生产，探寻普洱咖啡的一生。或者听年轻的庄园主梅子讲述普洱咖啡发展的故事，听一听"最有故事的咖啡种子"是如何在这片土壤扎根，又将如何从云南走向世界。

梅子
发酵手艺人

让咖啡的味道更加多样

Q 怎么进入咖啡这个行业的？

A 我们家是从我爷爷就开始种咖啡，再到我父亲。2015年我大学毕业回来，才真正喝过我们自己家种的咖啡，然后从那个时候开始学习冲泡咖啡。经过冲泡、品鉴咖啡之后才发现咖啡的品质与原产地的关系，所以才决定要回到这个处理厂，来参与咖啡的生产、加工、处理，然后通过我们学到和看到的一些知识（比如说有选择性地采摘全红果，科学化的发酵，不同的处理方式）来改变咖啡的风味和口感。

Q 咖啡豆从种子到杯子，大概是个怎样的过程？

A 咖啡这个物种跟其他食品产业链不同，它整个生命周期很长。收获季采摘回来后，还要对它进行一系列复杂的处理，从发酵到晾晒到脱壳，每一批豆子都有不少于30天的制作周期，而且这个制作周期跟天气、人为操作有很大的关系，也跟农户采下来的这批果实品质有关。

Q 你提到的发酵，会如何影响咖啡的风味？

A 目前，常见的咖啡鲜果加工方法有水洗、日晒、蜜处理三种。在这些处理法中，果胶的含量是不同的，那么自然发酵环节中微生物去分解的糖分就不同，发酵时间的长短、发酵温度的高低、与氧气接触的情况，都将影响发酵的结果，构成咖啡不同的芳香物质和酸度、醇度等。所以说发酵可以给咖啡带来处理者想要的风味，适度的发酵能增加风味的复杂性，但发酵过度则可能产生不良风味。我们理解了发酵的作用，可以选择合适的处理方式来诠释不同咖啡豆的风味特点。

Chapter 4

多山贵州
酸的风物诗

贵州，多山。山地丘陵面积达到全省面积的92.5%。这无尽的群山，绵延纵横，构成贵州地理的基本底色。北部有大娄山斜贯北境，中南部为苗岭横亘，东北部则有武陵山从湖南蜿蜒入黔，贵州大地向西，海拔抬升，西部高耸的乌蒙山是云贵高原的脊梁，形成著名的"昆明准静止锋"，使得贵州的气候总是温暖、湿润、多雨、日照少，与隔壁的云南气候有着截然不同的面貌特点。

高山，是气候的天然屏障，阻隔寒冷气流的进击；密集的河网与充沛的水流，则给生命以丰富的滋养。贵州大地上的河流众多，长度在10千米以上的河流就有984条，处于长江和珠江两大水系上游交错地带，苗岭以北属长江流域，苗岭以南属珠江流域。深山河谷之间，依山临水而居的苗族、布依族、侗族、彝族等世居少数民族多达18个，他们敬畏自然、感受土地，懂得在高山与大河之间形成自己的生存智慧。

土地与种植，决定了人们生生不息的可能性。因为群山耸立，田地面积稀缺，要想在这里扎根，世居的少数民族唯有自己创造生存条件。在有限的台地上开垦梯田，驯化稻种，在稻田中放养鱼、鸭，鱼、鸭捕食稻田中的害虫，鱼粪、鸭粪又促进水稻生长，从而构成了一个高效的"稻鱼鸭共生系统"。比如侗家人出产的香禾糯、稻花鲤、腌鱼，都是在千百年的生产种植中总结出的生产生活经验。

神奇的大自然似乎注定要让贵州成为发酵的宝藏之地。潮湿温暖的气候特点，使得贵州成为微生物的天堂，它们在山谷河流之间无处不在，在看不见的状态下活跃生长着，等待勤劳智慧的贵州人发现它们、了解它们、利用它们。

与所有文明下的人们利用土地上的谷物发酵酿酒一样，贵州少数民族的先民在很早就已经掌握了用稻谷、高粱酿造酒的技艺，并世世代代延续下来，无论是苗族、布依族、侗族、仡佬族，风俗习惯虽略有不同，但直到今天本民族各个盛大的节日，与酒都有着紧密的联系，向天地、自然、祖先敬酒，是一种穿越时间的基因记忆。而在日常的生产生活中，丰收后的九月九酿酒，来年与家人朋友欢聚饮酒，都已经成为传统。酿酒，首先要制曲，这是人利用微生物发酵而制作出的催化剂，与自然风貌紧密相连。黔北种高粱，有奔腾不息的赤水河，造就了酱香名酒的诞生；

黔南三州种稻田,少数民族的先民上山收集几十种草药制曲,酿出酒精度数中等、米香浓郁的米酒。

而极具东方特色的发酵豆豉,同样在贵州幻化出诸多形态。干豆豉、湿豆豉、油豆豉、豆豉粑,成就贵州人的酱料和蘸水,通过极具冲击力的味道表现,让每一个食客印象深刻。

食物是对物质生存的选择,也是一种特殊的文化认知体系。"三日不食酸,走路打蹿蹿",酸食在贵州人的日常饮食中有着重要的地位。这个"酸",并非我们常见的果酸,或者是日常调味的醋酸,而是来自发酵转化产生的复杂风味。在贵州,人们习惯把食物放在坛子里存储发酵形成酸食,酸汤几乎成为贵州菜味型的典型代表,白红两种酸汤各有特色,各有拥趸。白酸汤又名米酸汤,是以米汤为基质,由酵母菌、乳酸菌、醋酸菌及明串珠菌等微生物共同参与发酵而制成的天然调味料;红酸汤是包括番茄红酸汤、辣椒红酸汤或者两者按照一定比例配制而成的调味料。但酸汤仅仅是众多贵州发酵酸食中的一位主角,贵州人信奉"万物皆可酸"的理念,几乎把所有食物都做成酸食,尤其是在贵州南部三州,气候条件和民族传统的双重加持下,更诞生了虾酸、鱼酱酸、臭酸等极富地方性特色的发酵酸食,成就了贵州发酵酸丰富多样的图景。

发酵的诞生源于它是最为基础的食物存储方式。贵州酸食的出现并延续至今有其特殊的地理原因,是当地民族适应贵州"天无三日晴、地无三里平、人无三分银"环境的生活智慧。贵州多雨潮湿,人常因湿气过重而胃口不佳,食酸可以生津开胃、提升食欲;贵州山高水长,"苗居山头,侗靠水头,仡佬族住在岩旮旯",聚居于交通不便的深山中,使得当地民族的食物资源必定需要自给自足,因季节原因的限制,利用发酵储存食物,腌制酸食成为一种必然的生活选择。人们将吃不完的蔬菜、肉、鱼等食物入坛下缸,以备缺菜的淡季食用。贵州酸食的腌制,以煮熟的糯米为发酵催化剂与易腐败的食物混合,隔绝空气,通过乳酸菌来抑制腐败菌生长,达到长期保存的目的。在冬季既可吃到蔬菜与鱼肉,又获得了发酵产生鲜味的特别体验,久而久之当地人形成了自己的饮食传统。我国其他山区地带也会腌菜过冬,但像贵州这样大面积、长时间食酸的传统，还有一个非常重要的条件，就是贵州不产食盐的先天地理局限，"艰于盐"，讲的正是盐少且昂贵，普通百姓根本不可能像其他地区的人一样把盐当作日常调味品。盐对贵州人而言属于奢侈品，在明朝以前没有一个统一的食盐规划制度，贵州各地就近交易食盐，比如靠近四川的黔北地区食川盐，靠近云南的黔西南食滇盐，靠近湖广一带的黔东南食淮盐。因为所有的食盐都取决于其他地区，每每因战乱、政权更迭、中央政府管控，都会造成贵州的食盐供给不稳定。据史料记载，在清朝初期，因中央政府强令以川盐供给，曾使得黎平、镇远等靠近湖南的几个地区出现无盐可食的极端情况。长期处于食盐困难的情况，贵州人选择"以酸代盐"，是一种口味需求的无奈之举，更是一种发挥创造力的生活智慧。

发酵，是人们生产生活的智慧、习惯、传统、文化，总会随着时代不断发生变化。在明朝以前尚无贵州省，明初平定云南的元朝旧部，数十万屯堡驻守的中原大军与平民百姓，造就中原文化与贵州本土少数民族文化习惯的彼此交融，同时贵州相关的史料记载也在明朝之后逐渐进入中原文化的视野。关于贵州发酵食物的记载最早出现在明朝嘉靖年间田汝成的《炎徼纪闻》，文中记载贵州的"苗人"以荞灰和高粱粥酿成糟汁，掺以鱼、肉及作料贮于坛内，这种经发酵制作的酸食在贵州地区有着悠久的历史，称为醋鱼、醋肉。到了清代，"醃菜"的相关描述出现的频率更高，当时在各类描写黔贵地区少数民族生活的"竹枝词"中，都详细记载了"醃菜"的制作方法，以及在本地受欢迎的程度。比如乾隆时期余上泗的《蛮峒竹枝词》记载："瓮中醃菜自为良，酸臭蒸腾未可当。尽道仙厨无此味，官家何事不堪尝。"指出清代本地的苗族、布依族都擅长利用发酵处理食物，以"酸臭"为美味。舒位的《黔苗竹枝词》记载："菜珍为异味愈久愈贵"。至于"醃菜"为何昂贵？为何能成为家庭富裕的标志？用今天的科学原理来解释，因为发酵食物的制作对设备、环境和保存的要求十分苛刻，富裕的家庭才有资本多做几缸"醃菜"，多发酵些年份，保证最佳的味道，因此民间也有"看酸坛，知贫富"的说法。同时随着辣椒引入中国并率先进入贵州人的厨房，乾隆时期，贵州人开始大量食用辣椒，辣椒也成为一个重要的原料，逐渐参与到发酵食物的制作中，红酸汤估计也是由此开始慢慢后来者居上。

今天由黔东南地区带动的酸汤鱼美食热潮，已经成为贵州最有名的标签，红通通、酸爽爽，喝一口令人浑身通透。2024年8月在企查查显示国内有酸汤火锅相关企业2770家，贵州省共有1767家相关企业，其中贵州省六盘水市以502家居全国首位，紧跟其后的是贵阳市、黔东南州，分别有300家、236家，其他则分布在遵义市、黔南州、毕节市、铜仁市等地。据数据显示，近10年来，我国酸汤火锅相关企业注册量呈整体增长态势，2023年全年注册647家，创近10年新高。但红酸汤其实并非贵州酸汤中的元老级选手，毕竟番茄在明朝万历年间才进入我国，辣椒在明朝末年进入我国，直到清康熙年间才在地方志中有零星的食用记载，如康熙六十年《思州府志》中记载："海椒，俗名辣火，土苗用以代盐。"当时的思州正包括今贵州沿河、务川等地区。所以，以番茄、辣椒为主要原料的红酸汤的出现一定远远晚于白酸汤。民国时期在贵州当过县长的广东人伍颂圻，在他的竹枝词《苗风百咏》诗组中记载："摘得红椒新上市，赶场最好月明中。"那时的辣椒已经深得寻常百姓的喜爱，酸与辣则成为黔贵地区饮食的标志味型。

食酸地区的背后都有一个适合乳酸菌发酵的地理环境与人文环境。温度、湿度、酸碱度、土壤环境等多重因素组成了贵州"发酵酸"的决定性条件，这些特性也造就了发酵风味更为浓郁的地域特点。除了名扬国内的红酸汤，如今的贵州还有丰富的发酵成员，因为地域性过于浓重未能走出深山，比如口味浓郁的虾酸、臭酸，依然只活跃于本地人的日常餐桌。在贵州南部三州，传统的酸食都是家庭小作坊制作，自给自足满足家庭食用，但由于居住条件的改变，制作这些发酵食物的习惯也相应在变化，比如20世纪80年代以前，贵州的家家户户还有制作酸坛的习惯，伴随如今轰轰烈烈的城市化进程，搬入楼房、生活空间缩小、通风条件有限等因素，都使得居家制作虾酸、臭酸这种特殊的发酵食物变得相对困难。如今大家更倾向于在农贸市场、专门店购买制作好的流通产品，或者是到专门的餐厅去过一下嘴瘾。除非在更偏远的少数民族村寨里，一些老人家还在用传统的方法手工制作这些发酵食物。发酵制作，对应的是家里的母亲，然后由母亲传给家里的女儿，或者婆婆传授给儿媳，形成新的延续，正应对发酵食物自身传承以及继承的文化含义。在今天，一些代表着本地传统的发酵技艺已经成为非物质文化遗产被抢救性保护下来，并继续延续下去。而整个贵州，好食发酵酸食的习惯已经成为不可磨灭的集体符号，早已不是物资匮乏的无奈之举，贵州发酵食物产生的"酸""香""臭"，相反却构成了地方文化的认知标签，形成生动多样的贵州生活图景，走向更广阔的世界。

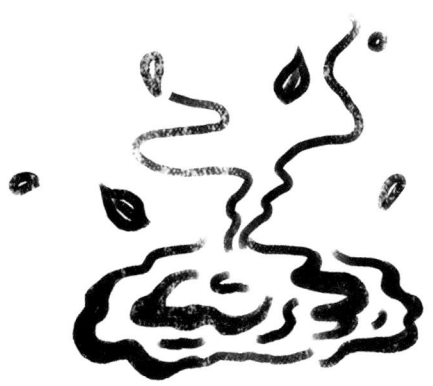

发酵酸汤

在贵州,最动人的乡愁无疑是那一勺热辣酸爽的酸汤。贵州各地皆有酸汤,尤其是在黔东南州,酸汤更是本地餐桌上不可缺少的主角,"三日不食酸,走路打蹿蹿。"这是本地流传的一句谚语,代表贵州人无酸不欢的生活信仰。平时的日子吃酸汤,重要节日也必不可少,吃新节、龙舟节、捕鱼节、苗族新年……每个欢乐的节日,酸汤菜肴都是连接人群的发酵味道。

贵州的酸汤有着不同分类:白酸汤,贵州的民间称之为米酸汤,以米汤或者面汤为原料,由醋酸菌、乳酸菌、酵母菌等微生物发酵而成;红酸汤主要由番茄、红辣椒、糯米等为原料发酵而成。由番茄制作的红酸汤称为番茄红酸汤,由辣椒制作的红酸汤为辣椒红酸汤,也有地区是将两种红酸汤发酵后混合后再次发酵而成。虽然原料有所不同,但红酸汤与白酸汤一样,都是由多种微生物混合发酵制成,主要参与的微生物包括乳酸菌、酵母菌和醋酸菌,都是在厌氧环境中发酵产生。

为什么酸汤会出现在贵州?为什么会在贵州有着如此生生不息的生命力?这就要从苗族的发展与迁徙历程回溯。在远古的尧舜禹时代,苗族生活在黄河中下游,因战败不断向西、向南迁徙至江汉平原;经过长时间的休养生息,落脚荆楚之地的苗族慢慢崛起,周王朝视其为隐患,宣王"乃命方叔南伐蛮方",战国时吴起武力"南并蛮、越",屡遭镇压的苗族先民最后被迫开启了最重要的一次

贵州的苗族分支很多，虽然服饰各有特色，但都能歌善舞，有着吃酸制酸的共同习俗

民族大迁徙，沿着武陵山脉继续往人迹罕至的地区南迁，走过荆棘丛生的山间小路与悬崖绝壁的山岭，最终进入云贵高原。在黔东南地区苗族迁徙歌《跋山涉水》中唱道："经过千般难，吃过万般苦。迁徙到西方，创造好生活。"

这些苗族的先民曾先后生活于中原之地和荆楚之地，饮食文化无疑从先秦时期的中原世代继承而来。《周礼·天官·醢人》中就已记载的发酵调味品和保藏品很多，也说明这是当时很常见的饮食习惯。当苗族先民到达贵州山区后，这里特定的地理及气候特点使得发酵这种食物加工与保藏技术变得尤为重要，是历代苗族先民为了生存长期与自然环境相互适应的结果。地理方面，贵州高原内崇山峻岭、沟壑纵横、缺乏盐资源的同时交通阻塞，运盐成本极高，这些地理因素造成贵州苗族地区常年处于缺盐的状态。普通苗族人家只能用农耕稻谷和野生蔬菜制成酸味食物，以酸调味，代替食盐。气候方面，贵州地处云贵高原，属亚热带湿润季风气候，降水多、日照少、阴天多、湿气大。酸汤中的有机酸能起到健脾开胃、增进食欲、清热解暑的功能。

今天我们可以用科学的原理来解释酸汤发酵，但对于刚迁徙到达贵州山区的苗族先民来说，制作酸汤或许是一种偶然。苗族古歌是苗族的大百科全书，苗族很多风俗习惯都可以在其中找到源头，其中一则歌颂祖先的苗歌，正展现了白酸汤的由来：在洪水滔天苗族祖先姜央开天辟地的故事中，姜央被对手雷公咬了一口，姜央的儿子去看望受伤的父亲，特意用竹筒灌了一筒米汤。由于路途太遥远了，见到父亲的时候米汤已经发酵变得发酸了。但是姜央念儿子的一片孝心，坚持喝了，并且发现味道不错。苗家人就世代开始了喝白酸汤的习惯。

虽然在古歌中，白酸汤是由姜央的儿子偶然制得，但在苗族人家，酸汤制作是评价当地苗族妇女勤劳和手艺的标准。在苗寨家家户户的灶台上，至少摆有一个酸汤坛子，用来酿制白酸汤。白酸汤分为米制白酸汤和面制白酸汤，常见的还是米制白酸汤。自家的糯稻是一家人生存的根本，还可以制作白酸汤。方法其实很简单，就是淘米水烧开成清米汤，然后入坛发酵 3～5 天。制作不难，其中的关键是水质和温度。临近的山泉水或干净的溪流之水，使得苗家酸汤有了第一层品质保障。而将坛子放在灶台，每日炊火做饭的温度则有助于酸汤的发酵。大山里的

夏天里的一碗蔬菜白酸汤，清凉解暑，是贵州人的至爱

气候潮湿，弥散在空气里的本地微生物虽然看不见却活跃，与这一坛坛酸汤相互依附交换，共同生发，三天时间基本发酵完成。每次盛酸汤的时候器具一定要干净无油，因为酸汤中发酵的关键是乳酸菌，照顾不当，会导致酸败，直接毁掉酸汤的味道。自家里的酸汤坛偶尔库存紧张，借邻里家的"酸汤老母"保持发酵，顺便联络感情。这简单的酸汤，白色清澈、味酸清香、醇厚味浓、回味无穷，就在每一个日子里幻化为最丰富的味道，蔬菜、豆腐、牛肉、鲜鱼、猪脚……一切皆可入酸汤。特别是在暑热难耐的时候，一碗酸汤入口，是那熟悉的味道，立刻气定神闲。以黔东南地区为核心向外辐射，酸汤，成为贵州特色美食文化的一把重要钥匙。一方水土养一方酸汤，尽管配方略有不同，但在贵州这片土地上，无论是苗族、侗族，还是水族、布依族，甚至在汉族的餐桌上，酸汤带动的丰富酸味，已是绝对的主角。

饮食文化是时代最好的镜子，贵州酸汤也在历史的长河中悄然变化。白酸汤如何分化出另一位明星红酸汤？这就轮到番茄、辣椒两位主角的登场。番茄是明代时传入我国的，但很长时期内是作为观赏性植物，成书于1621年的《群芳谱》载："番柿，名六月柿，茎如蒿，高四五尺，叶如艾，花似榴，一枝结五实或三四实，一数二三十实。缚作架，最堪观。来自西番，故名。"清末至民国时期，是中国人学习吃番茄的重要时间段。这时，各地对番茄的态度，有爱有恨。云南，是我国接受番茄的先锋地区，1937年的《石屏县志》提到，石屏人过去误以为番茄有毒，"近年则成为食品佳者"。对于人人食酸的贵州，遇到番茄应该是最好的安排。1938年出版的《麻江县志》就提到一种储存番茄的方法："和盐、蒜、番椒、醯酒腌罐中"，这应该就是指今天红极一时的贵州美味"红酸汤"。辣椒在明朝末年才

一碗上好的红酸汤，辣椒和番茄是必不可少的原料，发酵让它们焕发全新风味

传入我国,最早的名字叫番椒,最早出现在 1591 年杭州人高濂所写的《遵生八笺》一书中,其中写道:"番椒丛生,白花,果俨似秃笔头,味辣色红,甚可观。"当时江南的文人雅士和富商把它当成一种观赏花卉。同时,根据"味道辣"的特质,辣椒也被当作草药来用。18 世纪,辣椒传入西南地区,被称为"海椒"。1721 年的《思州府志》记载了海椒的身影,也首先有了替盐的功能,成为一种食物。当番茄和辣椒正式进入餐桌后,有了辣和酸的美妙结合,形成了贵州独特的酸辣口味。而有着悠久历史的白酸汤,也就此分化演变,红酸汤从清末开始,上演一段属于贵州的全新风味传奇。

与白酸汤不同,红酸汤的制作与当地的气候条件和农作物收获季节密切相关。九月开始,红海椒、小米辣陆续进入成熟季节,也到了制作红酸汤的好时节。理想的红酸汤,由本地的毛辣果(野生番茄)熬制,这种番茄果肉多、紧,酸味足够。配上盐、酒糟、辣椒等入坛自然发酵,等上 10~15 天,就可以开盖了,开启坛子时,一股馥郁的发酵果香扑鼻而来。虽然叫作酸汤,其实并非简单的酸,而是丰富、多层次的复合味觉体

验。它不像水果酸那么锐利,也不像醋酸那么单薄,那酸味像是悠长的呼吸,深深浅浅,混合着鲜美的肉,最终落胃。在贵州只要是吃带有酸汤的美食,木姜子油的蘸水堪称灵魂伴侣。木姜子油也叫山苍子油、山鸡椒油,是一种特种香料。发酵过的番茄汁和米汤构成了酸汤鱼汤汁浓厚酸爽的底味,加上略带刺激口感的木姜子油,使酸汤具有了丰富而完整的口感,形成天衣无缝的味觉搭配。

在民国《麻江县志》中提到首先将番茄和番椒合用的麻江县,如今被称作酸汤的发源地、主产地,同时也是全国规模最大、储量最多的酸汤发酵和生产加工基地,区域内的品牌"凯里酸汤",被列为全国三大特色火锅底料之一。"凯里酸汤鱼制作技艺"在2021年被列入国家级非物质文化遗产代表性项目名录,文化传承、政策支持、旅游热度等各方面因素的加持,酸汤自然也成为一个产业,市场长势迅猛。截至2023年底的数据显示,黔东南州拥有各类酸汤餐饮店683家、酸汤及特色食品销售公司328家,100多家酸汤连锁加盟店走出大山遍布全国。黔东南州下辖的镇远县,是贵州省的东大门,这里历史悠久,自汉高祖五年(公元前202年)建县至今,已有2200多年历史。镇远的红酸汤颇为出名,几百家大小餐馆,几乎都能做红酸汤,走在镇远古城,脚下的石板路已经被岁月磨得光亮,随处可见酸汤店铺,既有平易近人的酸汤米线,也有令人大快朵颐的酸汤鱼火锅。古城红酸汤店是镇远的老店,他们有着自己的制酸秘招,一坛发酵番茄,一坛发酵辣椒,独立发酵完成后再混合进行二次发酵,造就果味更加浓郁、辣味中和、复合酸香的汤底。一锅浓汤,配上鲜活的江鱼,汁浓味鲜,鱼肉细嫩,是一道难忘的镇远美味。

酸汤不仅是一道美食,更是外省人认识贵州的一张名片。但对于贵州人来说,它是生活的一部分。当地的苗族在祭祀祖先时,必会有酸汤;女子出嫁,也会有妈妈的酸汤,惦记着女儿经常回家看看;离乡的游子,在异乡一口酸汤下肚,就是那浓浓的故乡之情……四季更迭,岁月变幻,生活的时时刻刻,酸汤总在。

古城镇远是贵州省的东大门,从这里开始,红酸汤就是典型的贵州味道了

山水贵州酒

好山好水酿好酒。贵州,是茅台的故乡。而贵州又不仅仅只有茅台,一条赤水河酝酿出的酱香美酒就有赖茅、习酒、珍酒、国台酒、钓鱼台酒、金沙窖等十几个品牌;浓香品牌也有鸭溪窖、湄窖、毕节大曲、习水大曲等。

贵州酿酒的历史相当悠久。仡佬族是贵州最古老的世居民族之一。1994 年,贵州省考古研究所在仁怀市东门河云仙洞商周洞穴居室遗址中,发掘出土了一批陶制专用酒具,其中除大口樽、酒杯外,还出土了类似于酒瓶的盛酒器。这

贵州省自然条件适宜酿酒,生活中各民族亦有豪放的饮酒风俗

茅台博物馆展示的各种酿酒原料

是贵州考古发掘获得的最早的专用酒具,说明当地的仡佬族先民当时已掌握了酿酒的技术,并有了饮酒的习俗。在我国史学著作《史记》中,司马迁记载了一段建元六年(公元前135年),汉武帝令唐蒙出使南越,他在南越国食枸酱而后建议武帝开发"夜郎道"的故事。关于"枸酱"为何?后世说法不一。在元人宋伯仁的《酒小史》中,收录百余种酒,"枸酱"为其一。清道光年间的《遵义府志》记载"枸酱"为植物发酵而成,"味辛香",蜀地和黔中皆有。

发酵酿造与土地紧密相连。在贵州,地区之间地形地貌存在较大差距,不同地区气候条件也有不同。黔西、黔西北一带,因气候偏寒,水稻之类粮食作物不易栽种,"人所资以生者惟苦荞、大麦而已"(《贵州图经新志》)。山区少数民族用各种杂粮补充,小米、红稗、荞子、豆类、大麦、燕麦等都可充主食。黔南、黔中、黔东南地区气候温暖湿润,世居的苗族、侗族、布依族等少数民族居住的山区,稻作历史悠久,人们喜食糯稻,但因重山之间田地面积有限,加之刀耕火种的种植方式,稻米的产量仍是有限。入明以后,由于中原汉族移民的大批到来,各种粮食作物、蔬菜等陆续引入贵州,小麦即是粮食作物中的一大品种。徐霞客在其游记中曾为此发出感叹:"小麦青青荞麦熟,粉花翠浪,从此遂不作粤西芜态。"小麦之外,玉米于明末清初引入贵州。因贵州土壤气候均适宜种植,玉米在省内迅速推广,解决了贵州当时的粮食紧缺难题。因而,贵州的发酵饮料酒,也根据不同的作物种植特点,呈现出黔西北酿白酒、黔东南酿米酒的局面。

茅台镇,临赤水河畔,得天独厚的自然气候和地理条件为孕育茅台酒提供了天然场所。而真正让赤水河畔的美酒迎来腾飞的,则是——盐运。乾隆十年(1745年),贵州总督张广泗正式奏请川盐入黔,并组织人手疏浚赤水河道,

1. 茅台渡口开启盐运，也为茅台酒运往各地打好基础
2. 得天独厚的自然气候造就茅台镇的酿酒先决条件

打通了一条通往四川合江县的盐路。"川盐走贵州，秦商聚茅台"，这个起点的码头，华丽转身成为贵州重要的商业枢纽之一，一时间人头攒动，商船巨贾往来频繁，好不热闹，正塑造了日后的酒都茅台镇。清代的茅台酒始终采用多次发酵、多次取酒的工艺，当时就有"加沙"的方法。今天从仡佬族先民手里代代相传的酿酒技艺，采用产于仁怀市安良一带的红缨子糯高粱为原料，以当地深山中草药和小麦配比制曲，在酿造过程中使用传统容器和传统工具，保留了较多传统技艺。酿造流程包含祭祀、采药、药材加工、制曲、润粮、蒸粮、拌曲、发酵、上甑蒸馏等工序，每一道工序又分若干细节。而仡佬族延续传统，在重阳（农历九月初九）下沙时节举行"煮酒祭"，也成为整个贵州酿酒开始的重大仪式。

靠山吃山，种稻酿酒。黔东南地区的山地少数民族同样善饮善酿。关于苗族米酒的起源，最具代表性的是这样一个传说：有一户苗族人家在吃完饭之后忘记把锅里剩下的糯米饭盛出来，就出了门。在亲戚家待了一段时间后，回到家中他们才想起之前的糯米饭还在密封的锅内，以为肯定发臭坏掉，结果打开锅盖，一股特别的香气扑鼻而来。男主人好奇地抓了一把尝尝，有种说不出来的美妙味道，空气中的香甜气息也经久不散。自此，苗族人开始了米酿酒。民国《古宋县志》载："（苗人）喜饮酒，不醉不止，其生性然也。"在苗族人民的生活中，酒已是一种不可缺少的东西。从家中的每日三餐到办喜事、丧事，乃至大型的民族节日活动，喝酒是人们要做的第一件事。

布依族、苗族和侗族是贵州的重要民族，酿酒的历史悠长而久远。据《旧唐书·西南蛮传》记载，唐时，本地先民就以"婚姻之礼，以牛酒为聘"。那时候，"酒"就已经是各族群共同认可的重要财产，可以与牛马一样，作为婚姻之聘礼，而这一传统也一直保存在今天的布依族文化之中。在侗家人的心目中，糯米饭最香，甜米酒最醇，酒歌最好听，宴席上最欢腾。酒与歌相生相伴，并由此衍生了丰富多彩的酒歌。侗家酒规酒礼繁多，最有特色的迎宾仪式要属"拦门酒"，侗家人在进入寨子的门楼边设置"路障"，挡住客人，饮酒对歌，你唱我答，其歌词诙谐逗趣，令人捧腹，唱好了喝好了，再撤除障碍物，恭迎客人进门。入座后两方换酒"交杯"，邻居或自动前来陪客，或将客人请到自己家中，或"凑份子"在鼓楼中共同宴请，不分彼此。

1. 在水族卯节的庆祝餐桌上少不了本地酿的米酒
2. 茅台博物馆展示的曲块
3. 传统布依族的酿酒蒸酒布局

虽然喝酒的传统礼仪各异，但酿酒的方式基本相同。每年农历九月初九都是各地区民族酿酒的好日子，家家户户都用自制新酒药酿造当年粮食收成后的第一坛酒。这其中的独家秘诀就是酒曲的制作，各有玄机。三都水族自治县是

167

制作传统酒曲需要众多原料

我国唯一的水族自治县,据《百越源流史》记载,大约在商代之后,水家先民从中原向南迁徙,并渐渐融入百越。他们有自己的文字——水书,有自己的节日——端节和卯节。庆祝盛大节日时,永远少不了水族自酿米酒。据传始于公元 300 年的水族酿酒秘方,源自代代水族人的祈福传承。每年水历十月,被水书称为"生命最旺盛时节"的卯节来临,水族人便如过年般庆贺,热闹非凡。而卯日被作为盛大节日的高潮,寓意着"最顺遂的日子",代表"生命的开始"。这一日,为寻觅意中人,为完成婚姻大事,未婚青年都来到九阡镇卯坡,"饮酒、对情歌"。卯方之酒就这样连同水族人的吉祥欢喜被世代传承下来。制曲时,各族人按照药材采摘的时节,上山采收上百种产于当地山区的中草药,包括兔耳风、巴岩筐、拐枣树、奶浆草等只有经验丰富的酿造人知道的草药，采齐这些原料就要一个月左右的时间，最后根据自家的秘方比例粉碎组合，与米面、荞面等揉搓成球，发酵制曲。曲已成，新稻收。蒸饭、摊凉、下曲、发酵，每一道步骤都是前人传下的经验，发酵的时间越久，酒越醇香。在每一个欢聚的日子饮酒高歌，世世代代，生生不息。

我们做的酒曲，也可以当作茶来喝

韦 丽
发酵手艺人

Q 酒曲的制作有什么传统？

A 所有的草药都是我上山采的，每年农历六月六开始，深山老林自然风景优美，每一种草药都有不同的生长地点和生长季节，集齐所需的120多种草药，大概要一个多月的时间。比如有种血藤，就是几百年的老藤，它们是一对，有公有母。我们的传统是敬畏自然，只会取少量皮，不会破坏它的健康生长。

做酒曲的时候，要根据水历选吉日，我们会先捏一对酒曲，有公有母，阴阳平衡自然可以保佑酒酿得好，这也是老人家传下来的传统。而且我们做的酒曲，也可以当作茶来喝。

Q 一般在什么时间酿酒？

A 春天在四月、五月、六月，秋天在九月、十月、十一月，每年春秋两季做酒，天气太冷或太热，都不适合微生物的发酵，会影响酒最终的口感，酒酿好后陈放一年时间才会喝。

Q 水族人平时饮酒有什么习惯？

A 我们水族人都是拿酒来招待客人的，逢年过节家人欢聚的时候，一定少不了酒。另外平常去山上采完草药以后，也会喝点儿酒，第二天心情会好一些。就连我坐月子的时候也可以喝，把它烧开了，在里面煮鸡蛋，好吃又补身体。

蔬菜发酵

酸菜　糟辣椒　腌韭菜根　布依酸笋　独山盐酸菜和臭酸

明代以前贵州的农耕条件不佳，在成功建立政权以后，明朝政府在贵州屯兵屯田，重视农桑，在偏远的贵州山区推广"中原式"的农耕技术，使得贵州农业生产向着精耕细作的方向发展。平坝上与山地间，普通人家在房前屋后开设园圃空间，随季节变化，种植应季蔬菜，从文献记载看来有白菜、青菜、芥菜、苋菜、韭菜、芹菜、菠菜、莴苣、萝卜、黄瓜、豇豆、扁豆等；在水田和池塘中，则种植莲藕、慈姑和荸荠等水生植物。自明清以后，贵州人工栽培的蔬菜品种愈加丰富多样，经过几百年的不断发展，今天贵州成为蔬菜种植大省。

明代时期辣椒传入我国，贵州是我国最早开始食用辣椒的地区。究其原因，这与贵州的地理条件有关，贵州省内不产盐，加上山地险阻，周边运盐也颇为不便，历来这里都属于食盐困难的内陆省份。来自美洲的辣椒热辣辛香，入味至极，它的传入可谓给贵州人长期的代盐难题提供了绝佳的解决方案。自康熙末年至雍正、乾隆年间，贵州各地的方志均已记载当地人大量食用辣椒的普遍现象。贵州开创性地以辣椒作为调味，深远地改变了贵州的饮食格局，是贵州餐食演变中浓墨重彩的标志性一笔。

萝卜、白菜、笋、豇豆、辣椒等，都是非常常见的腌菜原料

  蔬菜发酵在中原地区历史悠久，利用盐渍的方法进行蔬菜保存十分常见，然而早年间贵州地区少盐的客观条件，也造就了属于本地的蔬菜发酵风格。传统的贵州蔬菜发酵不加盐，洗净的蔬菜与稀释过的玉米面粉水或米汤混合，装入密封坛子自然发酵而成，利用的是乳酸菌发酵产生酸化环境，既可抑制有害菌的生长，起到防腐的作用，也能产生有机酸，提升蔬菜脆爽的口感。腌菜的汤还可以再次利用，腌制其他食物。贵州盛产种类繁多的蔬菜和野菜，配上辣度不同的各品种辣椒，依据制作者的经验、口味，可以组合出千变万化的滋味，这些丰富、特别的调味基础，则构建出贵州蔬菜发酵的美味江湖。

市集上的酸笋和各式酸菜

酸菜

酸菜

贵州各地的菜市场，绝对少不了酸菜摊，各种蔬菜皆可用来发酵制酸，与红彤彤的辣椒制品，形成一道独特的风景。你能认得出的有青菜、豇豆、蒜、芹菜、黄瓜等，还有很多叫不出名字的发酵野菜，而且在贵州各个地区，常常还有本地一绝的蔬菜发酵代表。

位于黔东地区的铜仁临近湖南，湘西风格的泡菜常见于街头巷尾，萝卜、黄瓜、嫩姜、芹菜、莴笋、豇豆等蔬菜切成大块、长条，在提前发酵好的酸汤中腌泡10天左右，在乳酸菌的发酵作用下制成，口感酸甜、质地脆爽，十分开胃。

在黔东南地区的雷山、黄平一带，还有一种利用蔬菜发酵的进阶版，就是腌汤。本地人有"一汤传三代，人走汤还在"的说法，指的就是腌汤可以长时间存放，甚至可以长达百年。其实腌汤究其成因，是在物资匮乏的年代，居住在山区的人们珍惜食物,不浪费的一种生活选择,将剩菜剩饭入缸发酵,继续食用。今天做脂汤的主要原料是青菜、糯米(玉米面)和水,先密封发酵约20天,即得脂汤母子。与所有腌菜类的发酵底液性质相同,将豇豆、辣椒、藠头、黄瓜、青菜等新鲜蔬菜放入腌泡,根据喜好添加花椒、姜、蒜、木姜子等作料增香提味。汤内乳酸菌活力满满,只要料理得好,可以保存很长时间。脂汤如同臭豆腐一样,对于初食者或许是一种考验。但在本地人眼里,脂汤是万能的,夏天喝它能解暑,冬季喝它能解燥,疲劳喝它可提神,食荤喝它可解腻,醉酒喝它可解酒,晕车晕船喝它即可缓解,如果没有食欲,喝上一碗,胃口大开。

位于黔西北地区的毕节,有道很家常的酸菜豆米,是毕节人熟悉的家乡味道,其中酸菜正是灵魂一味。制作酸菜,老毕节人叫"扎酸菜"。选用老青菜,开水焯熟,这一步骤火候很重要,既要熟,也要保留脆性。然后另烧开水放入少许玉米粉做成的米汤,再把煮好的菜回锅浆好,放入一小点老酸水作为酸酵母,入坛发酵一两日就产酸可食用了。

而在黔南州的瓮安,泡菜的叫法很特别,被称为"溇菜"。这个溇汤的制作是关键,当地习惯叫"起溇水"。新制溇汤,需要红稗、老玉米、嫩玉米、糯米等原料,将原料按一定比例配好,磨成细面。酸菜坛子洗净,放入一层细面,加一层蔬菜,如此反复,直到装满坛子,再倒入适量黄酒和嫩玉米浆,封坛存放,一个月之后溇菜即可食用。

糟辣椒

贵州的蔬菜发酵调味大军中,有个随处可见的明星选手就是糟辣椒。走进贵阳烟火气旺盛的菜市场,总能在某个位置看到糟辣椒的身影。一个"糟"字,点明它最为特别的是进行了发酵的作用,使得成品集合了香、辣、鲜、酸、嫩、咸、脆的复合风味。每年八九月辣椒丰收时,选取辣椒是首要大事,辣椒不能选择太软的,要肉质厚实、捏起来比较硬、个头适中、颜色鲜红的红辣椒。洗净、去蒂、晾干水分,随后就是重要的辣椒处理环节,贵州人称之为"砍",只见手起刀落,边宰边翻动,反复操作,直至辣椒呈均匀的米粒大小。放入盐、仔姜、蒜瓣来调味,加上少量白酒入坛发酵,剩下的一切交给时间。15天后,在微生物的作用下,坛内辣椒已是甜、香、辣互相融合,成就一番独特的贵州糟辣椒。

腌韭菜根

在黔东南苗族侗族自治州西部丹寨县的大山深处，只要有小溪流过的地方，一年四季都生长着一种茂盛的植物——野韭菜。苗家寨子里的能干主妇通过发酵封存野韭菜的天然美味，世代传承这项技艺。每年冬季，韭菜根生长最好，根部最为发达，主妇们选择好日子上山，她们将韭菜根挖出，洗净后精心挑选出根部肥大、具有多条分根的韭菜根。晾晒是最基础的，水分蒸发完后，酶的活性减弱，也会使得成品保存的时间更长。制作时，拌入盐、辣椒，还有苗家人特别的原料——自酿甜酒。按照传统是要封存发酵半年以上，发酵初期，韭菜根自带的好氧菌先开始作用，等坛内氧气消耗完毕，就是乳酸菌登场占据主导作用的时候，它积极地生长代谢，产生了酸化的环境。加入的甜米酒含有的酵母菌发酵，贡献了各种芳香物质。半年以后，腌制好的韭菜根为金黄色、晶莹剔透、口感较脆、回味较甜，有较强烈的辛香味，是佐餐的好味道。

布依酸笋

酸笋是布依族一味重要的调味品。黔西南布依族苗族自治州兴义市下属的册亨县,是布依族文化之乡。临南盘江边,碧水青山,湖光山色,构成自然和谐的恬静画面。春天的南盘江沿岸,满山遍野都是破土而出的竹笋,聪明的布依族人便以嫩竹笋为食材制作出一味绝顶佳肴——酸笋。将新鲜嫩笋剥壳去根,改刀成丝,以甘洌泉水浸泡,将食材交由时间去发酵,成就了独特的味道。依山傍水的布依族人早年以渔猎为生,布依酸笋煮南盘江的鱼鲜,酸辣中搭配肥美的鱼肉,浓郁的酸味掩盖了鱼的腥味,同时又保留有笋的香味,令人胃口大开。首府兴义的万峰林一带,布依酸笋牛肉远近闻名,一锅手工腌制的酸笋汤为底,加上本地酸爽够劲的小番茄熬制,上下翻滚的汤锅中,涮上一筷子本地鲜嫩的小黄牛肉,酸、辣、鲜、香的完美组合,瞬间在舌尖绽放。这道菜酸香可口,味道特别浓郁。酸笋味是十分霸道的发酵之味,一餐美味之后,久久不能散去,除了留在你的味蕾上,还会留在头发和衣服上,时刻提醒你这是酸笋的记忆。

独山盐酸菜和臭酸

黔南州的独山县，位于贵州省的最南端，与广西接壤，夏季气候湿热，与通常以为的贵州避暑扯不上关系。独特的气候条件下，布依族、苗族、汉族、侗族、水族等民族居住于此，造就了著名的"独山三酸"——盐酸菜、臭酸、虾酸。

"盐酸菜"是蔬菜发酵的王牌代表，腌制的盐酸菜早有盛名，在独山广为流传一句话："独山花灯盐酸菜，十个出来九人爱。"作为闻名全国的八大腌菜之一，独山盐酸菜与四川涪陵榨菜、云南昆明黑大头菜被称为"素菜三绝"。据说鲁迅曾在旅居北京的贵州学者处尝过盐酸菜，盛赞它是中国第一素菜。关于独山盐酸菜的制作过程，在民国《独山县志》里有简要记载："盐酸，二三月乘晴日，刈青菜，略晒，旋洗净曝干，切一二寸长，和糯米酒渣及盐、辣角末，微加灰碱，揉使渍透，贮之盘坛，覆以钵。钵口之量称盘，盘时注水，使气不外泄。逾月可食，经年味不变。"如今独山盐酸菜的做法依然保持着多年的传统工艺，只是因为费时费力，以往的作坊制作越来越少了，逐渐被大型食品厂所替代。在传统的制作工艺中，每一步都由手工制作，特别是甜酒的酿制，甜酒酒曲中的霉菌和酵母菌也会带入盐酸菜的二次发酵中，代谢出更多的风味。总的来说，盐酸菜的制作是青菜发酵、大蒜发酵和甜酒发酵的综合呈现，从清明节前后制作，发酵时间至少在三四个月。它们各自贡献了多种微生物和风物物质并和谐有机地结合在一起。参与盐酸菜发酵的微生物主要是乳酸菌以及少量酵母菌。发酵含有多种营养物质和挥发性风味物质，也使得独山盐酸菜具备独特的口感、香气与味道。在黔南人的年味菜里，

独山盐酸菜

臭酸的重要原料凤仙花有专人种植供应给制作臭酸的手艺人

盐酸扣肉可以说是必选项。盐酸扣肉需选用优质带皮五花肉,肉入油锅炸至略呈焦黄后捞出。冷却后用刀均匀地切成一厘米厚的片,切好后依碗沿修圆。再用独山特产盐酸菜,加姜末、蒜、葱段、盐、白糖等爆炒后出锅放到肉片上。上蒸笼慢火蒸约两小时出笼,成就一道色鲜、香浓、味美的盐酸扣肉。

在独山,蔬菜发酵还有一个进阶版的暗黑选手,就是大名鼎鼎的臭酸。臭酸又名雅酸、凑酸,常分"素臭酸"和"油臭酸"两种,两者制作原料和风味差别较大。独山地区常以素臭酸为主,制作的主要原料是凤仙花和青菜,辅料常见的有木姜子、炒焦的小麦和食用碱等。仲夏季节采摘鲜花和青菜,将其洗净后沥干,切段后加入木姜子、炒焦的小麦等辅料一起拌匀,之后入坛发酵即可。素臭酸的发酵完全取决于制作原料和环境中的微生物,是非常典型的自然发酵。独山素臭酸有着独特的风味,闻起来很臭,但是实际品尝的时候却有植物的清香和复杂的风味,这些风味都是由发酵代谢带来的。独山素臭酸中的挥发性风味物质主要包括有机酸类、酯类、萜烯类、醇类、醛类、酚类、烯类等,共有约 50 种挥发性成分,特别是其中酯类化合物含量较高,赋予了独山素臭酸浓郁、持久的复合风味。素臭酸可以直接加

凉拌臭酸是本地人的地道吃法，有着浓郁的植物发酵味道

入折耳根、辣椒面、酱油、小米椒、干辣子、番茄、青辣椒等凉拌食用，做成凉拌臭酸，直接生吃。它也可以作为调味品来烹饪使用，热油炒香，与肉类搭配绝佳，又臭又香又开胃，成为独山发酵重口美食的独特标签。

独山县位于一个大平坝内，相比起贵州其他多山的城区，这里有更多的空间规划建设。这两年独山县斥巨资打造的水司楼和各种地标性建筑在网上出名，引发了很多讨论之声，但人真实行走在独山的街道内，还是会被这座安静的黔南小城所打动，道路十分平坦，挤在城区里的市场烟火气十足，而街上总能看到的盐酸菜、臭酸专卖店，着实十分特别。县城内的黄家盐酸店，是一对黄姓老夫妇开的，他们坚持用最传统的方法制作三酸，哪怕费时费力，几十年下来老两口依然没有停下来，"贵阳有餐厅已经在卖我们的制酸产品，你们一定要去尝尝，这才是真正的独山味道。"如今在城市化的进程中，独山城内很多人家因为居住在楼房，空间已经不能支持自己在家制作盐酸菜、臭酸这种带着刺激性气味的传统食物，馋的时候，他们从市场或专卖店里购买成品，回到家里只需要最简单的烹饪，就可以找回记忆中的熟悉味道。

从独山继续向南走 80 千米，就到了荔波。这里有着典型的喀斯特地貌，夏季气候更为潮湿闷热。布依族、苗族、瑶族、水族等少数民族汇聚于此，至今他们仍保留着极具民族特色的生活方式与饮食习惯。制酸吃酸，是布依人基本的生活技能，而臭酸，在荔波进化得则更为纯粹、极致。陆氏三酸的老板娘陆小妹，从小就吃酸，现在用的臭酸就是从外婆给的一小坛母酸发展而来的，也是她结婚时的嫁妆。

荔波的臭酸与独山的素臭酸不同，这里臭酸的主要食材是猪棒骨与河鱼，与青菜、麦子等食材熬煮后密封发酵一到两个月。因原料不同，故名"荤臭酸"。荔波的臭酸，气味强烈，非常之浓郁。但外地人觉得的臭，在当地人看来，是味道越臭越香，时间越陈越香。

在当地人的记忆里，臭酸的出现与气候、自然以及经济条件息息相关。过去，荤腥在百姓的日常餐桌上难得一见。为了补充油荤，有智慧的当地人就将宴席上剩下的猪骨、鱼碎密封进陶罐，做成"荤臭酸"。它不是工业标准化的产物，各家有各家的味道。现在最受欢迎的吃法，是将臭酸作为调味料炒火锅底料，菜籽油入锅，葱姜蒜爆香后，入五花肉、臭酸，大火翻炒，味道浓郁至极。与之相配的绝佳搭档是牛肉和肥肠，再加上时令的新鲜蔬菜，就成就大名鼎鼎的荔波臭酸火锅，绝对的下饭神器。

黄老夫妇
发酵手艺人

这是独山特有的，别的地方做不出

Q 咱们制作的盐酸菜、臭酸有什么特别之处？

A 我们已经有四代人制作盐酸菜和臭酸了，这是独山特有的，别的地方做不出。首先，原料都是时令季节性的，比如臭酸用的凤仙花在仲夏开放，而盐酸菜用的大青菜要在冬天十一月收菜，换了别的季节没有原料就做不成；另外，所有的制作都是手工完成的，切菜、腌菜、拌匀，就连里面放的甜米酒都是自己酿的。我们不放任何保鲜剂、防腐剂，完全依靠自然发酵的力量，是正宗的独山酸的味道。

典型的喀斯特地貌，夏季潮湿、闷热，使得黔南地区的独山、荔波有着独特的发酵风格

肉类发酵

贵州西部火腿　　独山虾酸　　苗族鱼酱酸　　侗族酸鱼

  贵州有 17 个世居少数民族，是苗族、布依族、侗族等民族的主要聚居地。历史因素造成他们多依山而居，村寨因地制宜建立，周边林木高耸，小河潺潺流过，拥有丰富的自然资源和独特的生态环境。由于贵州山区地形复杂，交通不便，特有的山地文化发展出自给自足的生活方式，人们敬畏自然，形成取之有度、储藏有法的生活习惯。居于山间，瓜果、蔬菜相对易得，但给予更多蛋白质的肉类就显得颇为珍贵，尽管同为贵州的山地民族，苗族、布依族、侗族的民族习惯各有不同，但利用发酵这种技艺来储存肉类，保存宰杀后的肉禽，在寒冷的季节提供美味与能量，成为一致的生活选择。

大利侗寨有着 600 多年的历史，村寨建于山坳之间，传统吊脚木楼分布于溪流两岸，保留着传统的侗家风俗

贵州西部火腿

贵州西部的乌蒙山,气势磅礴,不仅是贵州省的屋脊,还是南盘江、北盘江、乌江、赤水河等江河的发源地。高山河谷,加上高海拔的地势,使得地处乌蒙高原的毕节、六盘水地区的气候特点完全不同于贵州省的其他地区,两地皆夏无酷暑,冬无严寒,都是贵州著名的凉都。与云南的宣威相距不过百千米,气候条件相近,毕节的威宁县、六盘水的盘州市,都是贵州有名的火腿产地。

两地的火腿制作历史应该都起源于明朝,当时江南一带汉族大量入黔,

贵州西部火腿

民屯、商屯、军屯使贵州西部人口倍增。外来移民将江南地区的生活习俗带入黔地,比如"冬藏火腿夏食用"的肉类储藏技艺。

据《威宁县志》记载:"奢香以荞为皮,以火腿为馅制作精美香甜的荞酥待客并上贡。"1988年出版的《贵州传统食品》中"肉鱼蛋制品类"列在首位的便是威宁火腿。威宁火腿之所以品质独特,离不开它独有的原料和工艺。威宁,地处云贵高原乌蒙山区,属典型的高原气候。同时也是贵州面积最大、平均海拔最高的县，由于日照时间长，还有"阳光城"的美名。威宁县内屹立着四座2800米以上的高峰，山上生长着丰富的牧草，畜牧业十分发达，当地有赶山放牧的习俗，猪牛羊同群为伍，运动量大，猪腿非常发达。在这种条件下养育出来的可乐猪、乌金猪，长期山中散养，饲料健康，使得成猪体质结实、肉质优良，为威宁火腿提供了重要的原料基础。

好猪配上好的制作技艺，成就一只好腿。威宁火腿分为风干制作和不风干制作两种，处理过的猪后腿，风干法是在腌泡5～7天后，用石头压干水分，挂在通风处风干即可；不风干法则需要把腿挂在火坑上，用湿松枝、湿柏枝、酥麻秆的烟熏烤，一则杀菌，二则味美，三则耐贮存，这种熏过的腿一般可存放五六年，不流油，不变味，而且腊味更加浓郁香美。

盘州市是贵州西部火腿文化圈的一个重要中心，这里的特产盘县火腿于2012年确定为国家地理标志保护产品，2014年盘县火腿制作工艺被六盘水市人民政府公布入选第四批市级非物质文化遗产名录。

盘县火腿依托盘州市周围独特的高原生态气候、高原山地地貌及土壤环境，高原山地地貌养成乌蒙猪早出晚归觅食的习性，野外活动能力较强且肌肉发达，抗病力均较普通生猪强。

盘县火腿又名"火肉""兰熏"，从明朝发展至今，当地民间普遍存在加工火腿和食用火腿的传统，火腿工艺与火腿文化保存传承完整，主要包括鲜腿修割定形、上盐腌制、堆码翻压、洗晒整形、上挂风干、发酵管理六个环节。盘县火腿具有浓烈的地方传统风味特色，其含盐量介于金华火腿与宣威火腿之间，成品皮色亮黄、肉色红润鲜艳、香味清正浓郁、味道咸香可口。

独山虾酸

独山虾酸

　　独山三酸中的虾酸,是典型的荤酸,利用小河虾进行发酵。独山县以布依族为主,他们临水而居,盛产新鲜美味的小河虾,于是利用发酵制作虾酸就成了顺理成章的事。虾酸历史悠久,但由于布依族无自己的文字,仅依靠口口相传。民国时期有关虾酸制作方法的记载有:"取生虾,水淘尽,用酒沤,经宿,随以盐、辣末、酒糟和匀,封置坛中,如腌青菜法,惟经百日可开,开早则味不佳。"首先需要的是活虾,发源于独山县的都柳江,本地人称作"龙江",常年江水滔滔,给江边生活的布依族人带来生生不息的滋养。龙江河中的小河虾,每年十月之后成熟,肉质肥美。在过去没有冰箱的年代,既想保存河虾的鲜美,又能在物

独山虾酸

虾酸干锅,搭配肥肠和牛肉,浓香够味

资匮乏的冬季补充热量,当地布依族人发挥智慧,将小河虾通过发酵的方式,用坛子储存起来,配以白酒、辣椒等香料,通过100天的发酵,制作出了风味独特的独山虾酸,不再受季节、气候、时间的影响。

现在生活水平已经大为提升,虽然人们不再为肉食的储存而发愁,但是独山虾酸作为一种风味独特的食物,却被保存了下来并被人们喜爱。在独山,虾酸的食用方法简单直接,可用于炒、烧、爆,最经典的则是虾酸干锅,一勺虾酸底料,就足以让常见的食材变得浓香四溢,美味非凡。上桌时,撒上一大把新鲜薄荷叶,是种在别处吃不到的奇妙组合,满口留香。实话说,虾酸没有臭酸那么极致,它的鲜香更容易被人接受,无论是本地老饕,还是外地食客,都能轻松被它俘获。

参与发酵的多种微生物形成了稳定的微生物区系和菌群的相互作用关系,通过微生物代谢作用,使虾酸从原料到产品的演变过程发生了复杂的化学变化。在微生物的作用下,虾酸原料发生分解,产生风味化合物,比如蛋白质的分解形成肽和氨基酸以及其他挥发性风味物质,例如醇类、酯类等,使得虾酸风味独特。

在独山的菜市场,随处可见售卖臭酸和虾酸的摊位

苗族鱼酱酸

"火锅放鱼酱酸,吃了不留汤。"黔东南地区还有一味重要的发酵调味品,就是鱼酱酸。这是具有代表性的苗族传统发酵食物之一,利用当地出产的野生小河鱼和新鲜红辣椒为主要原料进行制作,在发酵过程中还加入了用糯米酿制的甜酒。丹寨县排调镇也都村的苗族阿姐王方芝,一直按照传统手艺制作鱼酱酸。在她的认知里,当地河中的野生小河鱼是其中的关键,它们生长的水域需要格外干净,常选的鱼种有鱼扇子、巴岩鱼、钢鳅等,鱼的体形不能太大,体长3~6厘米最好。鱼捕捞后要立即清洗并沥干,然后用盐腌制。第一次腌制目的主要是脱水并使鱼肉紧实,发酵时仍可保持鱼形体完整。放置8~10小时后,取出继续沥干,进行第二次盐腌备用。

腌制鱼、糟辣椒与糯米甜酒混合后经过两个月的发酵,小河鱼的形体依然完

好。整体色泽鲜红,气味鲜香,兼具酸、辣、甜、咸、鲜等复合味道。鱼酱酸既可熟食,又可生食,煮汤、火锅都是一绝。在黔东南州的雷山、丹寨县,都是代代相传的美味调料。

实验数据表明,参与发酵鱼酱酸的微生物涉及20余个门、240余个属,呈现较高的多样性和丰富度。而60余种挥发性成分,包括萜烯类、醚类、醇类、酸类、酯类,对鱼酱酸的风味物质有着巨大贡献。而对于各位美食爱好者来说,鱼酱酸的鲜味是让人欲罢不能的直观感受,这则是因为微生物代谢后产生的多种游离氨基酸的作用。千百年来,鱼酱酸一直是黔东南地区苗族人家代代相传的美味,就好比本地饮食文化的"活化石",具有独特的文化价值,近几年也受到更为广泛的重视。2019年6月,雷山县鱼酱酸制作技艺就入选了贵州省第五批省级非物质文化遗产代表性项目名录。2024年6月,雷山县人民政府与海底捞合作,希望雷山的鱼酱酸走出大山,能为更多人了解与喜爱。在传统发酵鱼酱酸时,辣度、酸度等指标严重依赖手艺人的个人主观味觉判断,如今需要面对标准化的食品安全标准,发酵方法、工艺标准、风味指标自然都将面临更多挑战。

摄影 杨武魁

摄影 杨武魁

做鱼酱酸，对鱼生活的水质要求是很高的

王芳芝
发酵手艺人

Q 制作鱼酱酸的鱼有什么特别吗？

A 做鱼酱酸，对鱼生活的水质要求是很高的，凡是有点儿污染，它就存活不了。我们排调镇这个河的水是特别清的，也是日常直接饮用的水源。等鱼产卵之后，基本长大就可以捞了。捞鱼过程挺麻烦的，它躲在石头里，需要人经验丰富、眼明手快。

Q 什么因素决定鱼酱酸的美味？

A 首先是原材料要好，我们这种鱼酱酸里有十几种鱼，可以提供不同的鲜味。其次重要的是你的手工，要腌得恰到好处。另外配料比例、时间长短，都要控制好。

Q 一般食用鱼酱酸的习惯是怎样的？

A 用它来和牛肉、牛瘪一起煮，非常鲜嫩。在我们这里，它的汤最重要的优点是解渴、降暑，潮湿的夏季里，喝了不会长痱子。

侗族酸鱼

　　百越族群很可能是我国最早驯化野生稻的群体,作为百越的后裔,侗族祖先继承并发扬了这个传统,形成了一系列基于水稻的生活与文化。侗族人民喜食糯稻,同时有着悠久的捕鱼吃鱼传统,从最原始捕鱼方法的采用到在池塘稻田中进行鱼类养殖,形成了独特的稻鱼共生系统。为了构建适宜稻鱼共生的生态,侗族人将山溪改造成山间沼泽,形成了我们现在所见的"塘、田、渠、河、沟错落有致的人为固定水域环境"。这种水域深浅不一,旱则蓄水,涝则分洪,稻田与鱼塘处于可控的互通状态,形成一个物种与水源的连通器。在这种耕作方式中,稻田中的杂草和害虫为鱼的生长提供了食物。同时,鱼排出的粪便也为稻谷的生长提供了肥料。

　　糯稻是水稻的一种黏性变种，又恰好是制作酸鱼的必备材料。由于夏季气温较高，肉类食物易腐坏，为了解决这一问题，侗族人用糯米腌制发酵肉食加以保存。一钵饭加两片酸肉或酸鱼就是侗族人上山劳作的午饭。

　　酸鱼、酸肉作为侗族的传统食物，深深烙印在了侗族发展的历史中。直到今天，侗族制作酸鱼的时间仍遵循传统。大利侗寨位于榕江县栽麻镇，这里楠木丛生，溪流潺潺。侗家人特有的干栏式青瓦木楼依山沿溪而建，寨子中央的风雨楼见证着大利侗寨数百年的历史。每年农历的"七月半"是侗乡的重要时刻，各家各户来到自家的稻田旁，开闸放水，捕捉养殖在水稻田里的稻花鱼。秋

酸鱼发酵完成后,每次取出也要特别注意,打开上层压盖的石头,掀开稻草,从缸中快速捞出,随后再依次盖好

风已至,鱼肥肉鲜,正是发酵制作酸鱼的好时节。首先将鱼洗净并去除内脏,但是不刮鳞,再用盐、酒、葱姜等腌制数小时到数天,去除腥味。然后调配腌鱼作料,通常有糯米、辣椒粉、盐、花椒粉等,按照自家口味自行添减。侗家人会把糯米填进鱼肚子里,有些则把鱼剖为两半,在鱼的两面涂抹糯米。最后的步骤是封桶,糯米加作料垫底之后,在木桶中按照一层作料一层鱼的顺序层层叠放,直到鱼都摆完,再盖上厚厚一层糯米,压上木板和几块大石头排出空气后密封,营造厌氧发酵环境。接下来就耐心把一切交给时间,静待数月,即可开封食用酸鱼。据说贵州黎平、从江、榕江地区的侗族乡民除了使用糯米,还会放一些甜酒曲来保证发酵的顺利,同时也会加入白酒和生姜杀菌去腥。

侗族酸鱼制作的容器是决定着酸鱼制作成功与否的关键环节。侗族制作酸食的容器有瓮、桶、缸、罐,其中最普遍和传统的还是木桶。木桶用优质老油杉木制作。木桶除了有大小的讲究,最重要的是木板间的衔接要严丝合缝。因此,在制作木桶时先使用干燥好的木料制成,再用竹篾箍紧,之后还需反复晾晒。晾晒后用老杉树皮的细末填补缝隙并涂上桐油,最后用酒糟浸泡后,才能用来制作酸鱼。

参与酸鱼发酵的微生物主要为乳酸菌、微球菌及酵母菌,其中乳酸菌是绝对的优势菌。发酵代谢过程中,蛋白质、脂肪等不易被人体消化的大分子物质发生降解,乳酸菌、双歧杆菌等益生菌大量生长繁殖,能有效改善人体的胃肠功能,调节免疫力。发酵肉制品可以产生多种挥发性有机化合物,使得侗族酸鱼风味独特,集鲜、咸、酸、辣于一身,难怪有"十年酸鱼加老酒,做人一世也抵得"的俗语。

侗族酸鱼

贵州湿豆豉的传统制作方法是利用本地野生豆豉叶的天然微生物菌群进行发酵,这种无盐湿豆豉与日本的纳豆非常相似

豆类发酵

大方发酵豆制品

　　从地方志来看，贵州在明代就已栽种豆类作物，嘉靖《贵州通志》载："谷之属：豆；蔬之属：豇豆、扁豆。"豆类独特的生长特性与贵州地理环境相适应，是其得以大面积种植的原因之一。贵州地处世界三大连片喀斯特发育区之一的东亚片区中心，"地无三尺平"，造就贵州多山地、少平地的独特山地农业耕作方式，稻作种植有限，主粮不足，豆类植物碰巧可以适应这种严苛的地理条件，贵州的喀斯特土壤肥力差，而豆类作物耗肥少，豆类本身有固氮功能，既可满足生长所需肥，又可增加土地肥力；豆类对水的需求量远不及水稻，这里的自然降水量就可满足豆类的生长所需；豆类的生长周期较短且种类繁多，广泛分布于贵州省内各地，具有地方特色的"特优""特有""特用"豆类品种类型，有着相当的产量，在贵州，豆类一直是重要的主食补充，也是其广泛种植的原因之一。

　　豆类在我国的食用历史悠久，明清之后的贵州，尽管地处偏远，但豆类的加工技术也与中原地带毫无二致。豆腐、豆浆早已不在话下；由大豆发酵而成的调味酱油，在民国贵州地方志中普遍可见其身影。1915年贵阳已有酱油业商会，当时售卖酱油的作坊或商铺可获得不错的经济收益，民国《平坝县志》载："（齐伯房酱油）齐伯房，业此者多家，酱油出品汁浓味厚，日久不生霉变味。销行四邻，各县全年营业额约有五千元。"

而利用发酵生产出变化多样的各式豆豉和臭豆干,则激发了贵州人烹饪饮食的无穷创造力,成为贵州味道里最为浓墨重彩的一笔。

清至民国时期贵州地方志中就已记载豆豉,道光《遵义府志》载:"大豆,俗称黄豆……作豉及餈粉。"民国《施秉县志》载:"豆豉:县城居民用黄豆制成,以好酒渍之再加香料酝酿……"贵州各地都有豆豉制作,比较传统的大都是细菌型,由枯草芽孢杆菌完成发酵。传统的豆豉制作方法是利用本地野生的豆豉叶(鸢尾草叶)为辅料,它可以促进豆豉发酵,还可使豆豉有一股特有的香味。把煮熟的黄豆冷却,用豆豉叶一层层包起来,不再加什么原料,放到暗室里"渥"上半个月,豆粒就渐渐变成互相粘连的状态,用筷子拨动时,有丝状物连绵不断,这时就意味着湿豆豉已经发酵成熟,可以直接食用。如今在贵州各地,城市里的农贸市场随处可见各类发酵豆豉制品,而在更偏远的山区,还有少数人在坚持自己手工制作豆豉,那些浓重的臭的气味反倒成为一种生活习惯。

大方著名的活油烙锅，少不了带着微微发酵味道的臭豆干

大方发酵豆制品

地处乌蒙高原的大方县，属于毕节市，是有名的"中国豆制品之乡"。这里山峦重叠，沟壑纵横，在乌江流域的河谷地带，气候温暖湿润，适宜大豆生长，大方大豆有着粒大饱满、皮薄色亮、蛋白质含量高的特点。

黄豆转化的丰富程度，与本地水资源的关系紧密相关。大方境内水资源丰富，县城内曾有大大小小的水井99口，这自然为大方传统的豆制品制作与加工提供了得天独厚的条件。豆制品的加工制作工艺从明代随着屯兵屯营传入，大方人便不断加以探究。

大方的豆腐是用"酸汤"点出来的，上次做豆腐的酸浆水留存再利用，而利用本地独特的微生物进行发酵制作的大方豆干，更有着醇香浓厚、质地软韧、富有嚼劲的别样味道。

大方县东部的六龙镇制作的豆干最具代表。从县城开车过来，进入镇域就随处可见豆干加工坊的招牌。凌晨开始，这里就忙碌起来，豆腐坊特有的烟雾在小镇处处升腾起来。前一夜泡好的优质黄豆研磨成豆浆，点成豆花。后续的工艺非常考验手速，熟练的女工们用小白布分别包成4厘米见方、2厘米厚的豆腐包，一排排在木板上快速码平。手撕豆干利用千斤顶将水分榨干，一层层均匀撒上食用碱，静置2小时即成。大方的手撕豆干，外皮弹性带韧劲，入口十分有嚼劲。

想要更别致的味道，就不得不提六龙的臭豆干，加工工序则更为烦琐，除了常规的豆干制作流程外，要耐下心来进一步发酵。木箱培菌，专用的干稻草和豆干叠层放置，经验丰富的手艺人控制温度在20~25℃，发酵3~5天，直至长出完美的菌丝。做好的臭豆干散发出一种独特的香味，颜色微黄，质地酥嫩细腻，食之回味无穷，并且还易于保存。

火锅、烙锅，都是大方豆干的绝配。豆干火锅的底料由本地特色豆豉和糍粑辣椒及其他辅料炒制而成，口味独特，香气浓郁。手撕豆干吸满汤汁，既有弹性，又有口感，一口香辣浓郁，是寒冷夜色中温暖的安慰，而大方的活油烙锅，则是臭豆干最佳的归宿。所谓活油就是生猪油，选用上好猪肉熬制而成。生猪油再加上野蒜、折耳根、香葱和大方特产皱椒辣椒面，是臭豆干少不了的灵魂蘸水。一个热腾腾的烙锅，几张小板凳，闲扯着家常，臭豆腐烤得焦黄，间或饮上一口小酒，就是大方夜晚最松弛的节奏。

明、清两代，大方豆制品曾被列为上贡珍品。《贵州通志·风土志》载："豆豉各州县产，以大定（大方）为最佳。"大方县山地多，盛产"鸢尾"（当地俗称豆豉叶），根有白、紫两色。若用紫色"鸢尾"裹装发酵，则产生一种异香奇味。大方豆豉具有"食一粒而知其味，尝一箅而恋其香"的传统风味。每年在农历十二月初八以后，家家户户都有做豆豉的传统，人们把这一天开始做的豆豉称为腊八豆豉。正月以后做的称为桃花豆豉，质量略差于腊八豆豉。

贵州豆豉以湿豆豉为特色，它可以吸收阳光的能量，晾晒为颗颗独立、便于保存的"干豆豉"。干豆豉用来制作蘸水、烹调各种风味菜肴，在黔菜的用途中尤其广泛，比如"豆豉脆哨火锅""红油豆豉鱼"等，而"干豆豉炒油渣"中，颗颗豆豉脆感十足，与油渣的香气完美融合，激发出奇妙的味觉反应。

在贵州，以豆豉为基础又派生出多种调味神器，比如"水豆豉"和"豆豉粑"。水豆豉，只是在后期增加了一个浸泡的加工过程，则成就另一番美味。著名的"老

干妈水豆豉"甚至早已远销国内外。水豆豉制作方法并不复杂，利用的是浸泡的方法，把豆豉和适量的盐、姜末、糊辣椒面、花椒面、白酒再加上一点木姜子拌匀放入装有煮青菜水的土坛子中，浸泡15天左右即成。木姜子特有的风味物质使得水豆豉成为百搭的调味单品，咸鲜豉香，特别是与蔬菜组合，茼蒿、蕨菜、秋葵等，平淡的素菜像是被施了魔法，风味无穷。

大方有三臭，霉豆腐、臭豆干、豆豉粑，却都是"闻之有臭味，食之则奇香"。豆豉粑是豆豉的升级版，传统的制作方法费时费力。蒸好的大豆盖上豆豉叶，自然发酵一周即成豆豉。发酵好的豆豉移于阴凉处降温，继续发酵20天左右，使其味道更为浓香。将发酵成熟后的豆粒舂成泥，加盐调味，入缸封闭发酵一个月。之后选择晴好的天气，用木板将豆豉蓉拍压成长方条。老手艺人拍压时还会在木板上抹上醪糟汁或熟菜籽油，使豆豉条表面光洁润泽。经反复晒干后，再用豆豉叶或玉米叶包好，置于阴凉通风处，即可随时取用。因为发酵程度深，豆豉粑味道则更浓烈。用来制作糊辣豆豉粑蘸水，那种丰富程度常让人久久难忘，酸汤锅里的平凡食材，一经这独特蘸水的洗礼，层次得以全新升级。或者是近年在贵州街头巷尾出现的豆豉粑火锅，只需几块豆豉粑切片，热油爆香，即成就一锅浓郁酱香的汤锅，无论是蔬菜还是肉品，全部无缝配合，成为贵州人或到访贵州的游客们记忆中的特别味道。

1. 新鲜包好的豆腐干，还是鼓鼓的状态
2. 用千斤顶榨干水分，豆腐包变成了韧性十足的豆腐干
3. 利用干稻草发酵，赋予豆干更丰富的味道

Chapter

5

共存、创造
保持发酵的活力

在走过云南和贵州的高山与大河之后,这段发酵食物的旅程如此丰富多样,让我们印象深刻且欣喜万分。

烹饪文化涵盖了人们选择、准备、烹调、上席和进餐的特殊方式。现代人类学研究者定义它由四种因素组成。第一是当地农业和畜牧业生产的食物原料;第二是指食物加工和烹饪方法;第三是为了增加食物风味,在烹饪过程中或烹饪过程之后添加调味料的种类;第四是指进餐指导原则,比如何时、何地、与何人进餐及如何进餐等。

从这个角度来看,发酵正展现着饮食的文化。它与地方相连,本地种植的作物和畜牧生产,为制备发酵食物提供独属于地方的传统原料。本地调味的习惯,是否使用辣椒?是否产盐?都决定了发酵食物的风味以及种类。比如云南和贵州两地,虽同属于西南地区,但又有各自发酵食物的风格特点。云南本地产盐,因而在利用盐来进行蔬菜发酵的制备中,呈现出更为多元化的图景。而贵州因为历史上极度缺盐,更加依赖米汤作为发酵引子的乳酸发酵蔬菜,因而也成就了"黔地之酸"的主旋律。在食物匮乏、科技还没有突飞猛进的年代,发酵食物为人们提供营养,提供美味,提供生活的安全感,更成为地方文化强有力的载体。

食物从生到熟,经历漫长的封存,发生奇妙的变化,使之更美味、更营养,为人类提供了生存的能量,也展现着人类的生存智慧。发酵食物,与地方的历史和地理息息相关,它们是地方风味的标签,成为文化的一部分。在中华大地上生活的人们,通过本地传统的发酵食物组合出属于中国的发酵图景,从另一个角度展现古老中国的生活印记和独特文化。

我们从何而来?我们如何认识脚下的土地?我们创造什么样的味道?

高山与大河,高原与平原,中华民族的先祖们最早驯化稻谷,发明了蒸具,在蒸熟的饭中植入曲霉这种微生物,创造了"曲"的出现,构建出独特的发酵酿酒体系;豆科这种神奇的植物,似乎注定要与这片土地产生更多连接,它激发着中国人的创造力,通过发酵转化出丰富多样的发酵调味,世代滋养着人们;中国人的饮食讲究平衡美味,物尽其用,无论是发酵肉和鱼,还是瓜果与蔬菜,天南海北的人们遵守相似的原则,通过时间的转化激发食材的可能性;随着时代发展，贸易往来，异域食材涌入，中国的发酵技术也乐于吸收新的食材，纳入到自己的发酵体系中，不断创造出崭新的中国发酵味道，从美洲而来的各种食物，完美入酵，就是最佳的例证。我国是世界上微生物资源较为丰富的国家之一，我们发现，因为人和微生物的共生共存，广阔中国大地上的发酵食物，真不简单，它展现着食物发展历史，讲述着土地的故事。

回顾人类历史，每一步的变革都是人类活动与自然界两者共同作用的结合。我们关注地方的微生物发酵，了解发酵的原理、传统发酵的方法，学习控制发酵的条件，得到所需的结果。这个过程，总是激发人的创造力。

发酵聚集人群，人们聚集在一起制作发酵食物，也聚集在一起分享发酵食物。这种聚集的关系，是流动的，也是变化的。农业社会时期，它是家庭生活的必需。工业化革命之后，延续千年的生活格局被改变，因空间和时间的限制，人们大多不再亲自发酵，替代的是工业标准化的味道，或者是工业添加的"发酵味道"。一百多年前，科学为人们揭开了发酵的面纱，西方社会进入"后巴斯德"时代，人们先是恐惧一切微生物，热衷于灭菌，将其消除；随着微生物学科的进步与进一步分化，有了新的认知，土壤微生物学让我们认识到植物的根部和土壤微生物之间存在着特殊的、古老的联系，看不见的它们构建植物的健康，也塑造着我们身体内在的健康；医学微生物学提供了一种新观点，人体复杂的免疫系统正与稳定多样化的肠道微生物系统有关，扰乱微生物群落似乎是我们易患现代慢性病和自身免疫病的根本原因。今天的信息社会，发酵科技一方面在随着时代而进步，另一方面，传统的发酵食物也不可避免地在城市生活中走向衰落。近年来，发酵复兴的浪潮在各地兴起，一些有远见的先锋在通过实践行为传递有力的声音。北欧著名餐厅 Noma 的创始人兼主厨雷哲皮，正是发酵的忠实爱好者，他利用本地食材，通过发酵增加食物的奇妙风味，为全球精致餐饮界引领了新的方向。

这本书聚焦云南与贵州，走在熙熙攘攘的街头市集，品尝神奇的发酵味道，那是千百年延续的味道；与一些本地的发酵先行者交流，听他们的所思所想，了解那些新的尝试，也折射着这片土地发酵的未来。

Yunnan

市集里的
发酵世界

　　市集是云南生活中最常见的社交方式，云南人亲切地称之为"赶街""赶摆"。从北往南，高原坝子、热带雨林，在山与山之间的平坦之地，云南各地的市集热闹非凡。特定的日子是接头暗号，汇聚丰富物产，也是交际江湖，日常发酵与暗黑料理都有它的自在天地。

Guizhou

贵州，赶集叫作"赶场"。无论是省会贵阳，还是十里八乡，传统的市集深深植根在贵州人的生活里，每天都在上演着人间烟火气。熙熙攘攘的人群中，新鲜的蔬果、特色的小吃、日常的用品……跟随人流能看到各种生活图景。

贵州人的日常离不开酸汤、豆豉、糟辣椒等传统发酵食物，如今的家中不便制作，"赶个场"都能解决，没人能空手离开！

Q 《舌尖上的中国》《风味人间》系列，聚焦了发酵这种食物加工方式和不少发酵食物，当初为何选择通过这个视角去展现食物？

A 我们做的是美食纪录片，是讲故事的。选择发酵，主要是为了能满足讲好故事的需求。

发酵本身就是美食诞生的一部分。我们可能和别的团队有点不同，不仅呈现成品菜肴上桌后的完成时态的讲述，而且一路追踪美食诞生的全链条，从植物生长到采集，从食材加工到烹饪，再到呈现和享用，聚焦人类在每个环节上用智慧与自然碰撞的火花。发酵处在加工工艺和烹饪技巧之列，自然而然地就进入了我们的视野。

而且发酵是本很厚的"书"，一本难以言尽的"书"，真正打开后，你会看到一个奇妙的世界，无论是在视觉上，还是在风味上都是如此。比如说《风味人间5：香料传奇》里香菇的发酵，大量吲哚物质生成后，以鲜味著称的香菇竟然也摇身变得臭气熏天；黄贡椒的发酵，在辣味中生出一种酸香，辣味也变得柔和。在风味变化的过程中，也能看到化学反应带来了色彩、质地等方面直观的视觉变化。这些都是我们讲故事的利器。

发酵史就是人类文明史

陈晓卿
Chen Xiaoqing

美食纪录片导演

📍北京

Q 从美食观察与记录的角度，在您看来发酵有什么特别之处？

A 其实，发酵号称"第二烹饪"，在美味的意义上，仅次于火，它能让食物变得更易于消化和吸收。比如说豆子，它的蛋白质含量很高，但不好吸收，通过发酵，蛋白质能分解其中部分的"抗营养物质"，同时生成好吸收的氨基酸。我们很多传统食都是由豆子发酵而来的，比如豆豉、酱油。牛奶也是一个很好的例子，人体在六岁之后就不再生成能消化乳糖的酶了，很多人乳糖不耐受，但经过发酵，乳酸菌把乳糖分解成乳酸，乳糖不耐受的人也可以享用了。甚至发酵还能去掉食物原有的毒素，最典型的例子是木薯，发酵能带走原有的大量氰化物，木薯的原产区在南美洲、非洲，如果没有发酵，木薯无法养活世界七分之一的人口。

另外，手工发酵充满随机、偶然和千变万化。发酵的原理大同小异，无非是让微生物在适宜的条件下，比如说保持适宜的温度、适当隔绝外界空气，分解和转化食材中原有的一些物质成分。但菌种是因地而异的，与当地的风土密切相关。而且在发酵过程中会有很多意料之外的情况，要及时调整，世界上没有两片相同的叶子，也没有两缸味道完全一样的腌萝卜。做酸奶的方法基本相同，但因为菌群不同，就有风味迥异的保加利亚酸奶和印度达西酸奶，一种浓稠、顺滑、很内敛，另一种更稀，酸度更高、更明亮。

Q 发酵最早的主要功能是食物的保藏储存，但冰箱发明之后，发酵没有消失，仍在全球各种文明圈中延续，在您看来是何原因？

A 首先，发酵史就是人类文明史。最早的发酵是偶然的发现，也是人类不得已的适应。不知道是有意还是无意，蜂蜜里混进了水，发酵就开始了，诞生了人类史上可能是最早的发酵饮料——蜂蜜酒。熟透的果子，吃起来也会有酒味，这也是酵母菌在秘密地起作用。但人类慢慢主动掌握了这项技能，发酵就像让我们多长了一只胳膊。人类学家列维-斯特劳斯说，空心树是蜂蜜的容器，如果蜂蜜是新鲜的，密封其中，这是自然的一部分，但如果是人为放进挖空的树干发酵，那就是文化的一部分。甚至我们可以说，人类最先驯化的不是狗和牛，而是微生物。有科学研究提出，促进人脑发育的关键可能不是火和烹饪，而是发酵食物，

也有考古材料表明人类先于烧煮学会了发酵。

其次，发酵技术除了利于食物储存，让营养更易吸收，也有其他作用。我们的肠道系统里原本就存在大量微生物，发酵食物的摄入，丰富了肠道菌群，能帮助有益菌维持适当的比例，促进肠道和免疫系统的良好运行。而且肠道菌群跟人类大脑还有关联，能对抑郁症、帕金森病、阿尔茨海默病等脑部疾病起作用。谐音梗叫"肠生不老"，意思就是：微生物是帮助我们长寿的朋友。

其实，发酵食物还是一种习得性味觉，很多时候发酵食物悄然无声地进入我们小时候的食谱，没有小孩天生爱吃腌萝卜，它们在漫长生活里反向驯化了我们的肠胃，也驯化了我们的"口味"，而口味有时候是这世界上除了金刚石之外最坚固的东西。

Q 发酵食物总会在人群聚集时刻被分享，特别是谷物、水果等发酵酒饮。如何看待发酵食物与人，以及和节日仪式的关系？

A 从某个角度来讲，微生物给食物带来的变化，可能象征着一种自然的生命力。发酵和腐坏，可能跟纯洁和不洁、文明和野蛮、神圣和凡俗等分类相对应，比如说基督教为了跟犹太教区分开来，将发酵的面包用作礼拜，后来逐渐演变成特别制作的圣餐面包，跟日常面包区分开，发酵食物就在这种文化里被赋予了宗教仪式的神圣意味。藏南地区饮用鸡爪谷酒也是同样的例证。大家在特定的日子、特定的时段聚在一起，吃着同一种食物，喝着同一种饮品，我们就共享了食物被赋予的文化意义，食物自然而然就成为群体成员身份的象征和纽带。

另一点是,节日是时间的仪式,而发酵是时间的艺术,它们都是时间的朋友。过去过年喝的米酒要酿三个月,要等到过年才能开封,时间够长了,风味才到位,我们能在这个过程中体验到时间的魔法。发酵食物和节日一样,都需要等待,如果开香槟、吃生日蛋糕变成了日常,节日的意义就消失了。

特别展开讲讲酒,酒是人类最早创造的发酵饮料之一,在饮用水不足的时代,甚至啤酒就是解决用水供应最简单、最经济、最安全的方法,而葡萄酒则在上层贵族间备受追捧,所以人类有很长的饮酒历史。而且酒精可以激活人脑中负责愉悦的区域,激活奖赏通路,释放多巴胺,让人变得欢快、陶醉,也特别适合大家共同欢庆的时候饮用。人类不同文明都有关于酒的文化,希腊有酒神崇拜,中国有酒仙,可能餐桌上的食物、语言和肤色都不相同,但我们都有同一个熟悉的动作,就是举起酒杯,送上祝福。

Q 传统的发酵食物意味着当地的风土、手艺人的特色,工业化的发酵产品意味着稳定、统一,您怎么看待这两种不同方向?目前在北京、上海等城市也在惊然复兴着对发酵食物制作的热情,您如何看待这种现象?

A 其实我不太同意"复兴"这种说法。我们都知道世界三大饮品——茶、可可和咖啡,都曾经被当作货币在全球航海线路上交易,搅动世界经济体系,这三种影响力巨大、工业化成熟的商品,都离不开发酵。工业化的显性标志就是标准化,能让食物以同样的合格品质以及比较合理的价格触及更多的人。

发酵食物在某个程度上跟香料的作用是差不多的,它并不一定是主食,但它能丰富我们的餐桌,激发风味的想象。现在大家富足了,就有比吃饱更精细化的追求。

另一方面的相似之处是,发酵食物和香料一样,体现了我们祖先遗留下来的感官能力有多敏锐。采集狩猎时代,人类需要靠味觉、嗅觉来判断一个东西能不能吃,我们能吃到五种味道,辨认出几千种气味。驯化谷物,开始种植、定居之后,人类的食谱范围实际上大大缩小,迅速减少的食物种类与依然敏锐的感官能力形成巨大落差。发酵食物和香料在这点上就起到了关键的作用,它的风味是无穷的。有研究就表明乳糖在乳酸的代谢中,能创造出 3000 余种风味组合,传统酱油的发酵中,能发现 127 种关键的风味化合物,这可能是工业化无法完全复制的味觉图谱。

当然,说到城市,可能还有一个角度是,很多人接触不到粮食种植的过程了,甚至很多人都不做饭了,饮食的链条变成了我们和外卖软件,而不是我们和自然,动植物的生长、采集、运输、加工、烹饪,中间变化的过程消失了。发酵食物可能是最简单的,还原这个过程的工具。很多人小的时候都吃过长辈做的发酵食物,那种味道可能会勾起我们对回不去的故乡的乡愁。

Q 最后,请分享让您印象深刻的发酵味道。

A 大家可以看看我的新书《吃着吃着就老了》中的一篇《一坛酱,四十年》提到的西瓜酱。

摄影 Thomas Giddings

重塑：对发酵的认知

微生物的世界远比我们了解的要丰富，也充满着无限的可能。发酵从来不是人类驯化微生物的单向过程，而是两个智慧生命系统共同书写的生存史诗。

若以当代眼光审视古人发酵，当时世上还不存在科学，人们怀着谦卑的心情观察它、了解它，与之友好共存，创造出多样的发酵世界。而今我们具备足够知识，亦有了更深层的省思。从偶然发现到有意识地作为食物保存手段，在今天，人们对发酵的认知又到了新的阶段，它体现着食物的多样性，也是生命健康的隐藏力量；它体现地方的风土，也帮助我们对抗工业化的统一性。

洞悉了发酵的科学，并未磨灭微生物的重要作用。聪明的方法是我们通过科学，携手微生物"创造"新的魔力。今天面对发酵食物中的传统，唯有不断地创造，使之适应当下的生活，持续滋养着人们的味觉记忆与精神故乡，才不会失去活力。

发酵食物的生产、销售、消费，每个环节都影响着发酵的表达与呈现。何为发酵？其实在我们每个人的心中。如果打开视野认知发酵于生活的意义，实践、品尝、购买，或许都可以给生活多一种新的选择。

Q 从开始在香格里拉酿酒到现在已经十年,如何理解香格里拉这个产区的风土?

A 在我看来,云南是一个很神奇的地方,没有可复制性。云南的独特性就在于它本身。地处横断山脉,气候复杂多样,生物植被丰富,还有非常多的小气候环境。

怎么去理解风土?这个词从法国而来,可以理解为包含地上地下、看得见的植物、动物和看不见的微生物,还有人。大家常常会忽略这很重要的一点。我认为人是葡萄与酿酒的载体,是转化者的角色,如果没有人,大家去谈风土就很片面。其实所有参与到其中的人,都是非常重要的,体现着每个人对风土的理解。云南有非常多的少数民族,我们这边主要是藏族,他们的工作和生活方式,也在某种程度上影响着我们在这边酿酒的风格,正是这个产区风土中非常重要的一环。

Q 十年中,与你一起工作的葡萄酿造相关的人有何变化?

A 我刚来的时候本地的葡萄基本为十年左右的藤龄,如今都已经进入二十年的藤龄。在这十年里,我感受到的是本地藏族种植户对葡萄种植和酿酒理解上有了很大的变化。刚开始的时候他们把葡萄当作经济作物,就跟玉米、小麦一样,认为产量大、果实大就是酿酒的好葡萄。所以当被要求按照我们的方法疏果、整形、降低产量,他们认为是一种浪费的行为。让他们明白要的不是高产量,而是葡萄的风味,单这件事我们就花了五年的时间去沟通。慢慢他们也理解了种植酿酒葡萄是一件怎样的事情,酿酒师是一项什么样的职业。所以我觉得最大的转变是思维的转变、行事方式的转变,以及我们加深了沟通。

这些变化很重要的是让他们相信。最开始的时候,他们不相信这些外来的年轻人会踏实做农业。我们将最早直接收购葡萄的合作方式,改为租农户的地并雇他们管理葡萄园。这种方式既保证了酒庄所需葡萄的品质,也保障了农户的收益。长期合作下来,沟通愈发简单顺利,彼此的信任感也逐步加强。而且有的变化是潜移默化的,比如很多村民在日

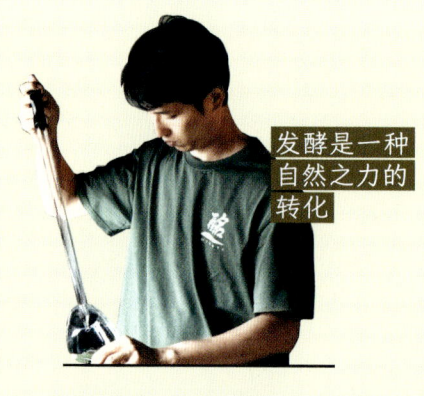

发酵是一种自然之力的转化

冯健
Feng Jian

酩一酒庄庄主及首席酿酒师
霄岭酒庄首席酿酒师

📍 香格里拉

常生活中也愿意去饮用酸度高的葡萄酒，甚至有合作的藏族伙伴成为酿酒师。

Q 作为一名酿酒师，在香格里拉酿酒和在别处酿酒相比所面临的挑战有何不同？

A 这里山高谷深，产业化不是特别发达，机械化程度很低，基本上种植和酿酒的各个环节都是手工化管理。加之基建水平有限，很多时候需要民间智慧去完成。当地的情况与大家学习葡萄酒时接触到的成熟化的酿酒体系是完全不同的，需要酿酒师根据实际问题因地制宜，随机应变。但是因为这个地方有绝佳的风土，酿酒师可以做出一款特别棒的酒，就还是会义无反顾地留下来。为了做一款伟大的产品，就看你愿意付出多少，牺牲也是一种付出，不是吗？

Q 酿造中，如何理解发酵的可控与不可控？

A 我想讲讲不可控的部分，对我来说不可控也是一种艺术。发酵，意味着你要对这世界上的微生物有一定的了解，但人的认知是有局限性的，我们只能说在一定程度上控制了发酵。我们知道人的恐惧很多时候是来自对事情的未知，发酵往往需要你去直面这种恐惧。为了让它可控，很多大厂使用商业酵母和辅料，以求产品的稳定。但是我们选择采用100%的野生酵母，这种不可控的自然力量会带来意想不到的惊喜。

Q 尝试野生酵母酿造的感受如何？

A 我们在三年前就开始不使用商业酵母了，用野生酵母酿酒，刚开始的时候整个团队也非常紧张和焦虑。但我觉得大自然拥有一双手，这双手是很神奇的。我们很多时候是一个观察者的角色，不可控的部分往往是惊喜的部分，但同时你能面对这个不可控的部分带来的后果，事情就简单了。

其实我觉得如何理解野生酵母的发酵反而是基本的逻辑。我们的酒窖已经有十年了，酒窖的菌群已经趋于相对稳定，所以第一年尝试就很顺利，这也给了我们很大的信心。这么做的目的就是希望风土有更纯净的表达，本地的葡萄，本地的自然酵母，我们在酿酒中尽量简化复杂的部分，控制可控的部分，然后让自然去控制它那部分，携手自然去做这样的转化工作，我觉得蛮棒的！

Q 看到报道中提到你对香格里拉产区的潜力判断，是什么原因产生这种判断？

A 在刚到这个产区的时候，我有机会跑遍了整个产区种植葡萄的村子，喝过所有的原料，感受到这些不同地块的风土表达，基于这些做出了判断。其实质量跟太多因素有关系，气候、海拔、土壤等，这就是我讲到的自然之力，我们更多是要带着谦卑的心，做一个观察者。

Q 农作物跟土地息息相关，在葡萄的种植与管理过程中如何保持土地系微生物环境的自然平衡？

A 最早的时候，大家会使用农药化肥，因为这样看起来可控，到收获的时候会得到看似健康的葡萄。但其实这会让葡萄树本身的抵抗力下降，也势必会破坏葡萄园周边的生态环境。我们花了很多时间去恢复葡萄园的活力和能量，保留树、草、动物等原有的多样生态和葡萄野生的状态。人学会退一步，大自然进一步，让自然去管理自然。

Q 作为酿酒师，你是怎样理解发酵的？

A 发酵就是一种自然之力的转化。葡萄酒是葡萄通过发酵后的一种生命延续。

Q 行匠十年，我们留意到"自然之数"这个系列很特别，它采用本地水果为原料，野菌发酵，桶陈，在酿造过程中给了你与以往什么不同的惊喜吗？

A 三年前做的一个刺梨批次，给了我蛮大惊喜。刺梨是西南，特别是贵州原生的野生水果品种，因为酸涩的自身特性，大家一般用来做泡酒、果汁，但都没能把它那种不好的味道去除。我们把它在橡木桶里发酵了两年，再转移到瓶子里二次发酵七个月，保留了刺梨本来的风味，然后不好的味道也没有了。

Q 何时开始想要通过发酵酿造来表达贵州的风土，为什么？

A 我们是在酿酒三年之后，2017年开始做自然发酵的酒，因为在贵阳郊区有很多原生种的野生水果，市场上又不接受，我觉得这些水果就很适合用来酿酒。于是做了"自然之数"计划，初衷就是将大自然里原生的水果，利用发酵转换成酒精，让它第二次的生命能够变成新的产品，让更多人可以感受到它的风味。

我们之前学习接触到的啤酒自然发酵来自欧洲，他们的水果大都是莓果类的，发酵几个月时间就产生了风味。贵州的水果种类非常多，我们这些年做了十几种原生水果的尝试。刺梨很有代表性，但也没有国外的经验可以参考。当时第一个批次的刺梨感觉不成功，基本要放弃了，但橡木桶桶陈发酵一年后，它的变化让我有了信心。发酵最重要的是时间，转化出新的味道，代表着本地的风味，这给了我惊喜。

Q 在啤酒的酿造中，如何理解发酵的可控与不可控？

A 我认为发酵是不可控的，它启动之后你是无法控制的，只能在前期设计好思路和结构等，剩下的就是等待。我理解的酿酒师的控制，其实最重要的是后期不同橡木桶发酵的酒之间再做混合的时候，才有创作的空间，得到想要的味道。

Q 在酿造实践中，对于自然发酵和商业纯化酵母的使用有什么心得感受？

发酵最重要的是时间

二杆
Er Gan

行匠品牌创始人

📍 贵阳

A 标准化发酵的酒，我们可以控制它的稳定性，选择固定的麦芽、酒花、商业化的酵母，而自然发酵的酒是无法百分之百复制的，每一年的都呈现不同的风味，我觉得这也是它有意思的地方。

Q 看你们的介绍曾进行本土酵母的培育，能介绍下这部分的尝试吗？

A 像这种自然酵母的培育其实是很难复制的，扩培到第二代的时候很多菌种会死掉，所以我们每年冬天温度10°C的时候，会做自然接种。放了两三年的接种麦汁再和新的接种麦汁进行混合。我们新建的工厂就是完全用本地环境里的微生物菌种进行接种。

Q 近年来，贵州的酸给人留下深刻的印象，作为一名贵州人，你如何理解生活中的发酵？

A 贵州的发酵其实要分几个区域去理解认识。南部三州，是利用米里面的淀粉，跟天然的水果（野生毛辣果）和辣椒发酵的酸，这种是大家比较常见的酸，如酸汤鱼、酸汤牛肉等。而黔北如毕节、遵义，则是用豆制品进行发酵，靠近云南的威宁气候干燥，就会有火腿的发酵。

我是安顺人，安顺的酸就会体现在泡菜上，小时候家家都会做泡菜，不同的季节会做不同的类型。比如冬天的时候，就会将油菜菜薹发酵，切好拿来炒腊肉香肠。我觉得贵州跟啤酒发酵很接近的是凯里白酸汤的发酵，它用米里面的淀粉自然接种发酵。黔东南州的少数民族特别是苗族，每家都会有一个养白酸汤酵母种的坛子，会养个几十年甚至上百年，每个月添加淀粉跟糖进去保持酵母菌的活力。吃的时候再把酵母菌进行扩培，跟新的米汤一起混合，做成火锅。

Q 从你的观察来看，自家制作传统发酵食物是不是很少了？

A 以前是家家都会自己做酸菜，现在是少了，主要是菜场上专门做酸菜的摊上才会保留那种老的酸汤，现在家里如果想做，就会从市场买，目的是要那个老汤，自己扩培做一坛酸菜。

像我们老家，还保留着做发酵食物的传统。比如有种特别的油豆豉，就是把猪皮煮熟，然后和豆子一起发酵，变成新的风味。

现在城市里的年轻人习惯于外出就餐，所以不太像上一辈人那样在家里做发酵食物，但贵州的菜市场很有趣，还是有很多发酵的食物，更专业的人制作，更具规模，也方便更多的家庭可以买到。

Q 在你理解，发酵如何塑造本地的文化？

A 贵州每个地区的发酵都不同，这和地方有强烈的关系。比如，白酸汤只有在凯里周围50千米的区域做，那里空气里的菌群、湿度和温度的条件决定了能做出这种风味的白酸汤。而雷山就做不出白酸汤，因为它在一个峡谷地区，海拔低、温度高，最适合的是做糟辣酸。因为我在做啤酒自然酵母发酵时，会把贵州每个区域里空气中的酵母菌进行收集，具体方法就是会把一个200升的发酵池用工作车带到不同区域，收集酵母菌进行接种，然后把发酵桶放在当地，过个一两年再去检测每个地区酵母菌的区别。这也是我们说的不同地区塑造不同的发酵文化。其实饮食习惯是特别有说服力的，我觉得想吃什么是你身体的内在需求以及这片土地能给你什么，这就形成了一个本地化的风味与习惯。比如，贵州人为什么爱吃酸？是因为贵州本地是不产盐的，用发酵出的酸来替代盐。久而久之，就成为一种习惯，一种口味上的基因。

发酵是神奇的、
未知的、变化的、
有趣的

李刚
Li Gang
一坐一忘创始人

📍 北京

Q 有什么发酵味道是让你难以忘怀的?

A 我开始对发酵食物重视还是在看了你们上本书《不可思议的发酵酿造》之后。其实云南发酵食物非常多,尤其是少数民族比较多,生活的环境一般多山地,也就更需要利用发酵来保存食物,比如腌制肉类、蔬菜、豆类的发酵调味料。我个人最喜欢的发酵食物是腐乳。之前在大理寂照庵吃的素斋,腐乳简单配上蔬菜和米饭,就非常美味。听妙慧法师介绍,每年冬至前后她们都会自己制作,发酵半年以上,风味才够浓郁。

Q 一坐一忘餐厅会做哪方面的发酵尝试?

A 我们其实是比较早将云南的乳扇和乳饼放入菜单的云南餐厅,当时第一家店开在北京三里屯,那里外国人多,他们对这种发酵乳制品接受度非常高。慢慢地,更多客人也喜欢上了这个不熟悉的口味,成为一道必点菜。
往年的春季菜单我们都是挖空心思找食材,对发酵的概念重视以后,也打开了新的视野。今年的春季菜单就会用豆豉为主线,换个思路让发酵食物作为主角。厨师团队研发了一道新菜——豆豉酥油蒸黄鱼,它选用来自巍山、永平的豆豉,和东海的黄鱼在一起产生全新的碰撞,巍山豆豉的微甜发酵气息混合着永平新鲜豆豉的焦香微辣,随着蒸汽缓缓渗透进鱼肉里。土鸡油和酥油的加入,让每一口鱼肉都带着温润的油香和层次分明的咸鲜,激发出奇妙的美味。
在云南的南部,有个传统的习惯是冬天做豆豉,春天吃,非常有仪式感。而且云南的豆豉种类也很多,干豆豉、水豆豉、豆豉粑……都能有不同的组合方式。比如有道水豆豉傣味水蕨菜,这种蕨菜多长在山边和溪里,未完全生长出来的嫩叶最为鲜甜。蕨菜的吃法比较多,辣椒、蒜炒以外,用云南的水豆豉凉拌风格更佳,每一口都带着春天的清爽与自然的滋味。

Q 在发酵的尝试过程中会有什么困难吗?

A 现在一些餐饮品牌会有自己的发酵空间,做一些尝试。大多数发酵食物都需要很长时间的发酵,在餐厅后厨进行尝试时候,的确还要考虑时间的成本,所以只能选择相对简单的品类,比如我们后厨也会自己做傣族的米酒,开发云南各地好的发酵食物,在菜品中做出新的搭配与出品。另外一些发酵手艺人的产品,口味虽然很好,却因为没有流通的资质,无法在餐饮行业选用,这是一种遗憾,希望未来能寻找到更好的解决办法。

Q 从你的行业,如何理解发酵?

A 在物资匮乏的年代,发酵是很重要的保存食物的手段,如今这种多样性是非常迷人的。对于发酵食物,我觉得最重要的首先是发现,发现它的美味,它的故事,然后利用适合的方式传播影响更多的人。

发酵是对标准化食物的一种反叛

Swing

知觉建筑设计主案设计师
毛辣果餐厅创始人

📍 上海

Q 对贵州的发酵食物有什么印象?

A 发酵食物属于非常日常的食物,比如我们贵州人家家户户都有白酸汤、红酸汤,还有泡菜,在家里制酸还是挺普遍的,发酵也会是大家日常沟通闲谈的一个分享主题。其实我在出国之前,并没有觉得它有多特别,以为全世界都是这样的。我到美国留学的八年里,我发现美国食物的工业化程度特别高,尤其是在超市里,刚开始的时候,还觉得很高级,但一段时间以后就觉得食物很乏味,非常想念贵州食物丰富的味道,回到上海机缘巧合就开了一系列的贵州主题餐厅,或许跟我在美国的美食荒漠受到的重创不无关系。

Q 你的餐厅有哪些发酵实践?

A 我们菜品研发的频次很高,这么多年有很多的尝试。我非常推荐我们的白酸汤和红酸汤,白酸汤是我们店里自己发酵的,红酸汤来自凯里,而且我们豆豉火锅中的豆豉也是自己发酵的,用了贵州本地的小黄豆,发酵程度也控制在大家更容易接受的范围。

Q 你认为发酵和地方有何关系?

A 发酵是和乡土紧密连接的技术,跟当地的环境、物产、季节都息息相关,过去受制于自然的人们,通过腌渍、风干来保存食物,也更懂得珍惜食物,感知时间和季节。

但其实对于我来说,直到今天,基本的贵州风味仍然没有完全被上海的市场所接纳。比如我们的毛辣果·酸餐厅,它的发酵是柔和的、基础的,也容易被人接受;随后开的毛辣果·苦,在我看来这种苦是非常丰富的味道,是贵州人日常的味道,希望让大家去感受本地的味道,但城市里的人是没有这种味觉记忆的,接受度就低很多。当然我觉得最重要的是等待大家的苏醒,就是真的厌倦那种一致性,可以认真思考自己的味觉是如何被塑造的,意识到应该吃新鲜的、丰富的、健康的、原产地的食物。

Q 从餐饮行业,如何理解发酵?

A 如今大趋势下,人口不断在增长,城市越来越拥挤,我们不得不面对一个饮食工业化、缺少差异化的局面。而发酵是对风土、时节、地方的一种尊重和回应,或者说是对标准化食物的一种反叛。

我觉得现代城市里的人,主要不怎么做饭,可能对于食物如何制作出来十分陌生,其实很多美味的食物制作真的非常简单。所以大家不要被吓到,首先要祛魅,发酵真的没有想象中那么难。我家里一直有一个泡菜坛,基底就是白酸汤,用来泡最简单的萝卜和豇豆,我觉得特别好吃。白酸汤的制作其实非常简单,就是将淘米水放在一个不太冷的地方,两三天后就成了。而且酸汤里的有益微生物生命力很强大,只要不用有油的碗筷,基本不会失败。

一场发酵实践，
就像在滋养一段
良性关系

张纭嘉
Zhang Yunjia

主厨

📍北京

Q 如何开始发酵方面的尝试的？

A 我的父亲在云南从事有机种植，十多年来，他用每年采摘的鲜果生产酵素饮品。最初是他鼓励我尝试不同种类的发酵。善于运用和巧妙搭配这些发酵风味，对于一个云南植物料理的主厨来说，非常重要。"不新鲜"的发酵食物，碰撞云南菜里四季新鲜的食材，让辣不再是"寡"辣，让酸不再是"寡"酸，而是增添了层次。

在厨房中进行发酵尝试，不同材料的组合碰撞，产生新的可能。一道酸汤炖煮四种豆腐，汤底的红酸汤除了用到不同种类的红辣椒和番茄，还加入了日本酿造清酒分离出来的酒粕，来增加醇厚的口感。还比方说 Tepache，这是种来自墨西哥的菠萝发酵饮料，利用菠萝皮上丰富的蛋白酶，在糖的催化下，发酵为一种带有小气泡的低酒精度饮品。本该丢进垃圾桶的边角料，焕发出了新的生命。

Q 如何理解发酵中的可控与不可控？

A 一场发酵实践，就像在滋养一段良性关系。可控的是你知道这段关系里需要你、我，也可以邀请三五好友来丰富日常生活，但绝对不能有破坏关系的第三人。放到发酵语境来说，可控的是主食材、常规配比、想要调整的风味，不能有油来坏事，但要接受还有相对不可控的部分。

Q 有什么发酵味道是让你难以忘怀的？

A 发酵的味道总是给人留下记忆。昆明人永远有第二个胃留给米线，酸浆粗米线就是发酵食物，自带特别酸味，对于老昆明人来说，这是一种味觉记忆缺失的遗憾。

从小到大，我最喜欢吃的早餐是米浆粑粑。传统的米浆粑粑做法是用发酵的米浆，加鸡蛋和一大勺白糖，在铝制的平底锅里烙，一开盖，饼能涨大两倍，一口咬下很满足。

还有云南"鲊"的风味，妥妥的下饭神器。我也想尝试把很难入味、富含胶质的菌菇，比如金耳、核桃菌，用米粉作为黏合的方式（鲊）来发酵。

Q 中餐和西餐在发酵方面有什么不同？

A 北欧的发酵风味酸占主导，但全世界发酵产出的风味不只是酸，还有鲜味，发酵过程把大分子物质分解成让舌头更容易捕捉风味的小分子。这就要说到我们的酱油、醋、黄豆酱、辣椒酱、豆豉、豆瓣、腐乳等。中餐中使用以上这些调味料，大部分是要用热力去激发其香味，更好地与主食材融合，最终大家看到的是一个和谐调味的结果。但因为发酵需要大量时间和专人负责，难免会受到限制。我认为，西餐也好，中餐也好，相互借鉴发酵的食谱，灵活应用到当地食材，有好的风味产出，更加重要。

Q 从餐饮行业，如何理解发酵？

A 食品安全永远排在第一位。"发酵是与微生物在玩火"。风味和腐败就在一线之间，需要深刻的理解和丰富的实践。对于植物料理来说，发酵让植物焕发了第二春。

优质的发酵，带来更深层次的体验感

周贤明
Zhou Xianming

依锦上庭主理人

📍 昆明

Q 有什么发酵味道是让你难以忘怀的？

A 作为土生土长的昆明人，其实从小都在接触发酵食物，云南人在日常生活中，不经意间都能吃到发酵食物。食材中有，调料中也少不了。但其实之前并没有注意这个概念，真正去了解发酵食物还是从做餐饮开始，然后用科学的角度去理解它。云南人的发酵食物是跟生活息息相关的，这跟饮食习惯、生存环境、气候条件紧密相连。

我自己是无法拒绝臭豆腐的。腌菜也算是云南菜的灵魂，是小锅米线、炒米线中最经典的灵魂配料，另外腌菜炒肉、酸菜鱼、酸菜洋芋、酸菜蚕豆（应季菜），可以无限搭配，离开了腌菜感觉就没办法做了。从小我家里的老人每年都会做腌菜，我对这些瓶瓶罐罐印象很深刻，这种味型是刻在记忆里的。但现在老人走了，身边的环境和口味都发生了变化，家里没有人再做了，市场上买的味道也都不一样了。

Q 餐厅会做哪方面的发酵尝试？

A 火腿是云南比较有代表性的发酵食物，我们菜单上一直有。另外臭豆腐是昆明人的最爱。我们餐厅做了一道融合的发酵菜品尝试——臭豆腐肥肠臭鳜鱼，虽然臭鳜鱼原产地不属于云南，但是臭鳜鱼也是发酵食物，再加上昆明的七步场臭豆腐也是发酵食物，不同地域的发酵风物汇集到一起，口味上的突破，产生了意想不到的效果，很受客人喜欢，大家在订餐时就会提前预订一份。

目前关注度比较高的还有云南大香格里拉产区的葡萄酒，独有的气候、土壤、海拔为葡萄提供了独特的成长环境。

Q 从你的行业，如何理解发酵？

A 从行业来说，要准确理解什么是科学的发酵，很多专业理论和研究文献都有充足的内容来支持。而且科学的知识会让我们突破很多固有的观念，比如最简单的，以前大多发酵食物只能在冬季制作，但当你了解只要控制温度和湿度等发酵条件，就可以突破时令去更好地制作它。在我看来餐厅是一个结合的窗口，利用烹饪技术把发酵食物表现出来，但要从源头做起，因为真正优质的发酵带来风味的多样性，才会给人带来更深层次的体验感。

Q 在当下的生活中，你认为保持传统的发酵技艺有什么意义？

A 传统的技艺要有科学的解读，传承则是风土的表达。比如发酵，体现的是一方水土养一方人，是本地的民族、文化和历史的表现。在发酵过程中，我们都说一切具备，其他就交给时间。我认为在当下，传承发酵技艺是很有意义的，也是时间最好的记录！

> 发酵是好玩的，
> 每个人都可以根据自己的
> 想法去玩它，
> 去碰撞它

库索
Ku Suo

旅日青年作家 资深媒体人

📍 京都

Q 作为贵州人，如何看待贵州的发酵食物？

A 我觉得如果不特意提发酵这个概念，你不会特别留意它的存在。近几年这个概念很受欢迎，人们才发现贵州日常生活中发酵食物的比例非常高。在我小时候，泡菜类的食物隔三岔五就会出现在饭桌上。除了现在很火的酸汤之外，还有豆豉，贵州的豆豉种类很多，干豆豉用来当调料炒菜，还有种特别的湿豆豉，用来和辣椒、香菜、折耳根凉拌来吃。贵州系的发酵食物，酸是基调，这跟以前贵州缺盐，所以以酸代盐有很大的关系。

Q 据你了解，身边有人会制作发酵类的食物吗？

A 酸汤制作起来比较复杂，一般不会在家里发酵酸汤，我们都是到餐厅去吃。贵州人会在家里做的是泡酸菜，家家基本都有酸菜坛子，我妈就常做泡豇豆、酸萝卜、酸莲花白。导致我现在在日本，也转运了一个泡菜坛子过来，自己会泡，因为真的很想念酸豇豆的味道。我觉得这就是贵州人的本能，而且京都的气候跟贵州有些相似，都是那种潮湿的，所以泡出的味道也相似。

Q 贵州的"酸"会形成特别的味觉记忆吗？

A 我小时候，很偶然的一次机会在贵阳吃到凯里的白酸汤，它和红酸汤不一样，非常适合煮蔬菜，然后放冷了，就是夏天一个超级解暑的食物。后来这家餐厅关了，我就很多年都吃不到这个味道，十分怀念。前两年在贵阳又找到一家，每次吃完饭都会买他们的白酸汤带回家，煮完蔬菜冷藏一夜，第二天来吃。

我刚到日本的前两年，每次都会从贵州买十几包红酸汤带过来，一般都会用它来涮火锅，招待日本的朋友，他们觉得很新鲜，还没遇到过不喜欢的人。那个酸汤是属于我特别想念的味道，隔三岔五就想吃。这几年我就又开始做泡菜了。

Q 日本的传统发酵食物非常丰富，在日常生活中有何感受？

A 日本日常的传统食物很多都是发酵食物，比如每天都要喝的味噌汤。其实我倒是看到很多相似之处，比如日本的纳豆，很多中国人都吃不惯，但对于我们贵州人来说完全没有问题，就和我们吃的湿豆豉是一样的。我爸妈有一次来日本看我，就带了豆豉火锅的调味料，但煮的时候觉得味道不够，就买了两盒纳豆加进去，毫无违和感。

近几年发酵也被看作一种流行文化，发酵食物被认为是更为健康的食物，吸引很多注重健康的年轻人追随，比如各地都有人在酿手工啤酒，他们加入本地的原料，发酵出本地区的风味。

Q 你喜欢和不能接受的发酵食物是什么？

A 最不能接受的发酵食物，比如京都的醋腌青花鱼，实在是太臭了；想分享的发酵食物，比如贵阳有家新的火锅店，十分有创意，在酸汤锅底中加入酸笋，发明人简直就是天才，太好吃了。另外，京都的山野菜很有名，在三千院门口有家开了一两百年的渍物店，他们懂得如何利用发酵的不同程度，把蔬菜最好的风味保留，这是发酵的精妙之处，每次我去都能买很多带回去吃。

科技可以给传统发酵助力

阳志锐
Yang Zhirui

凯里学院食品科学与工程教研室副主任

📍 凯里

Q 该如何理解"凯里是非常适合发酵产生的地区"这种说法？

A 黔东南地区发酵的历史已经有一千多年了，所以说古人生活的智慧是非常厉害的。他能够利用这个地区的自然环境条件，进行自然发酵，这靠的完全是自然的菌种，没有我们现在所说的商业酵母。所以说最重要的就是适宜，这地区的气候条件，有着丰富的微生物环境，造就了传统的发酵食物，一直被传承到现代。

Q 高校在传统发酵上做了哪些研究？

A 现在红酸汤在贵州来说是一个很大的产业，政府也很重视，每年拿出大量资金来支持高校的学术研究。比如，关于红酸汤的原料，我们学院就分别有针对番茄、辣椒的风味物质和农林种植的研究。对比了几十种番茄的酸度、辣椒的辣度来进行实验分析，挑选最适合进行酸汤发酵的原料，而且也可以针对不同地区市场口味上的偏好来进行调整。农业种植的相关研究就会从源头出发，培育风味更好的原料品种。从高校的研究来说，科技可以给传统发酵助力，同时也在为传统发酵更新，保持活力。

但不可否认的是微生物发酵是丰富又微妙的事，首先原料自身携带的微生物就不同，另外红酸汤的发酵中产生作用的微生物众多，生产工艺中就不可能通过直投单一微生物来呈现风味，而需要发酵过程来转化形成它的多样性。

Q 如今酸汤走出贵州在各地大受欢迎，贵州酸的魅力是什么？

A 贵州红酸汤的主要原料是番茄和红辣椒，番茄中含有大量的番茄红素，辣椒也是，它们在发酵后产生丰富的有机酸，使得口感非常温和，大多数人都能轻松接受。口感好之外自然发酵的酸汤也非常健康，所以即便你没有味觉记忆也能喜欢这种口味。另外贵州酸汤被认可，我觉得也体现着大家对贵州原生态的一种认可，这都是它能被广泛接受的重要原因。

Q 凯里给您印象深刻的发酵食物是什么？

A 我的家乡在贵州的铜仁市，从小家里都会做泡菜。来到凯里以后，日常的餐饮场景中酸汤经常出现，慢慢地就成为一种习惯。其实黔东南地区除了红酸汤和白酸汤之外，还有一种叫做腌汤的发酵食物。它与前两者最大的不同是原料，选用几种蔬菜浸泡发酵，味道闻着很臭，但是在黄平、雷山等地的苗族人眼中，却是令人食欲大开的美食。

Q 在您看来传统发酵食物未来会如何发展？

A 随着大家对发酵食物的认识越来越多，我觉得未来的趋势肯定是会越来越规范。对于手工匠人传承的发酵技艺，除了技艺的保护之外需要更多的政策扶持，有好的技术平台帮助其保证优良的品质，有更多渠道让消费者接触并能产生消费，会形成一个良性的循环。

城市里的发酵之味

豆豉酥油蒸黄鱼 ／一坐一忘

微发酵洛神花液腌渍的绣球菌 / 张纭嘉

油炸臭豆腐 / 依锦上庭

香梨白酸汤 / 毛辣果

百香果、辣椒、番茄、木姜子发酵的酸汤豆腐 / 张纭嘉

炒个豆豉当盘菜 / 一坐一忘

臭豆腐肥肠煮臭鳜鱼 / 依锦上庭

发酵榴莲鸡 / 毛辣果

韭菜花豆豉蒸毛豆腐 / 一坐一忘

青梅发酵酱汁 / 张纭嘉

开始发酵　首先要知道

如有兴趣自己实践发酵，那么一定要对清洁和卫生加倍重视。我们知道发酵的本质是为有益微生物提供适宜的生长条件，另一方面则是要抑制有害微生物的生长。所以首先要创造良好的发酵环境，我们要明确清洁、无菌、杀菌的概念。

○ 何为"清洁"？

清洁是去除物体表面的污渍，用肥皂或清洁剂加上水，可以清洗物体表面，但是对于减少微生物的数量作用有限。

○ 何为"无菌"？

发酵是微生物参与的分解有机物，从而拓宽食物营养和风味的过程，它是对人体有益的，但是我们不希望其他致病菌参与到这个过程中，所以要保持无菌状态，这里的无菌当然指的是无致病菌。在发酵过程中，所有参与制备的器具和双手一定要注意灭菌消毒。

○ 何为"杀菌"？

杀菌意味着根除设备上或者操作面上所有的生命形式，包括病毒、细菌、真菌。建议大家在发酵开始前，将所有相关的器具完全杀菌后再使用。可以采用巴氏杀菌法，63°C至少30分钟，或者72°C至少15秒的杀菌强度；也可以将容器完全浸在水中煮沸10分钟，或者蒸5分钟后放凉待用。相关器皿和工具尤其不要接触油污。如果你的设备是耐热的，干热杀菌也是一种方案，陶瓷、玻璃和不锈钢工具可以160°C焙烤2小时以上，确保没有污染物的存在。目前在家庭中最有效的消毒方式是湿热灭菌，简单来说，就是开水煮或者蒸汽灭菌，这种方式既简单又有效。另外75%医用酒精也是必需品，可以用来喷洒在参与酿酒的器皿和双手上达到杀菌的作用。

发酵容器的选择

尽量多采用不锈钢和玻璃制品，最好不要采用塑料制品作发酵容器，因为塑料制品容易留下刮痕，每条刮痕都是细菌的温床。

○ **可视**

最好采用透明玻璃瓶身，这样便于观察发酵过程，这也是发酵的乐趣之一。

○ **强度**

最好购买耐热等级高的玻璃容器，这样在用热水消毒时不会产生破损。

○ **容量**

家庭中选用发酵容器，最好在 2～5 升，便于操作和清洗。但是要注意，发酵液的体积最好只占发酵容器的 2/3，因为在发酵过程中有可能会产生泡沫，所以要预留一部分空间，不要把容器装满。

酵母菌的复水活化

目前市售的酵母菌大都是干粉形式，如果将其直接接入发酵，酵母菌的活性无法达到最佳状态，所以建议大家先将酵母菌复水活化后再使用，相当于对酵母菌的唤醒。这个步骤其实很简单，先在一个消毒后的玻璃瓶中加入 50 毫升煮开后冷却到 30℃左右的纯净水，再将 1～2 克酵母粉倒入其中，使酵母粉充分溶解，静置 30 分钟后就可以倒入液体中发酵使用。

重中之重！

如果在发酵完成后有变色和恶臭的现象发生，请不要犹豫，立刻清理。就算花了时间，也不值得拿健康冒险，重新制作才是明智之举。

自己制作发酵食物并不是太难的事，你能体验地球微小生物带来的惊喜。

结语　　　　　继续发酵

2025 年元旦，是这本书的最后一次采风，这一程我们从丽江出发，经过晨光初现的玉龙雪山，看过冬日平静的金沙江，将车摆渡过无量河，近八小时车程才到达加泽大山深处的油米村。这个古老的摩梭村落因为地处偏远，传统的东巴文化才得以原封保留。摩梭新年是村里最重要的开始，外出的人赶回家乡，迎新的仪式烦琐又庄重。年初一的凌晨三点，夜色尚暗，屋内却已开始忙碌，东巴阿公塔带着儿子烧香诵经，悠远的海螺声中，孩子的成人礼一定要脚踩多年发酵的猪膘肉，祝福未来之路。不熄的火塘，不停满上的苏里玛酒，天上明亮的壮阔银河，都成为难忘的记忆。

生活的重要时刻离不开发酵，它是一种有力的连接，真实生动，无比鲜活。这也是发酵吸引我们的原因，只有到达原产地，你才会感受它的活力。从 2023 年开始，我们以发酵为主线打开云南、贵州、深山、村寨、高原、雪山，一一走过，多样、迷人的发酵图景是最大的惊喜。这漫长的采风之旅，得到了"食通社联禾创作计划"的支持，这与他们想要了解当今食物和农业的现状，支持探讨食农问题复杂性的主旨息息相关。我们从发酵工业这个专业开始，到自己动手酿酒、创建九时品牌，制作更多发酵食物，关注发酵文化，真正感受到发酵是人类古老的食物制备加工方式，更是生活哲学。

在这片古老的土地上，我们的祖先懂得与微生物共存的相处之道，将发酵应用到各种食物种类上，谷物酿造的酒饮带来欢聚，在节日里团聚人们；蔬菜、肉类、乳制品的发酵，既解决了保存的难题，又创造出全新的美味；而豆类，则是中国人最伟大的创造，演化出丰富多彩的形态与味道，甚至传播到更远的世界。进入地方，梳理这些传统的发酵食物，展现丰富的多样性，使之被看到，是这本书的第一个目的。

在这两年的采风中，我们深刻认识到我国土地上独有的发酵文化，它如此悠久，这是时间赋予的礼物，蕴含着土地的精华，从土壤、空气到环境、历史，传统发酵食物的味道，展现着这个地区的过去与现在。早在李约瑟先生主编的《中国科学技术史》第六卷，学者们已经注意到我国和西方关于发酵在食品加工领域的独特应用。从当时项目启动的 1985 年，时间已经过去了 40 年。

如今，我们身处于食品工业滚滚大潮中，即便是在最偏僻的乡村，传统的发酵食物制作技艺也面临着挑战与改变。食品工业追求大量快速生产及标准化，注定会与传统发酵食物的复杂性、耗时性分化出截然不同的道路。我们不是要回到遥远的过去，而是期望提供一种观点，利用科学的态度，了解它的发生，也看到它的变化。在当下的时代，呼吁更多人加入进来，激发出适应当下的发酵生活样态。酿酒、制作康普茶、腌一缸泡菜，即便是在城市，也可以开始尝试发酵。了解发酵的原理，在动手制作发酵食物时具备一定的微生物知识；认识到微生物与身体健康的关系，理解真正费时费力制作的发酵食物的健康价值，拥有选择权，来决定自己接受哪种类型的发酵食物。毕竟发酵食物的未来，在种植、生产、消费的每一个环节，都需要认可它的人们积极参与，才可健康持续地发展下去。

即便没有人类，发酵也会发生，它因微生物而起。这些看不见的微小生物，与我们共存在这个星球，它们一方面是人类的朋友，但同时也有其两面性。更多地了解可以消除偏见，要知道发酵从来不是人类驯化微生物的单向过程，而是两个智慧生命系统共同书写的生存史诗。当现代科技让我们能够编辑微生物基因时，更需要保持对生命共同体的敬畏——因为在这个星球上，人类从来都不是孤独的舞者。

经过的一切都会闪光，创作的过程经历总是伴随推翻重建，相信与怀疑，这一路高高低低，最终还是告一段落。这本书当然还是会有一些遗憾，一方面是时间有限，另一方面是自身认知有限，但都是我们真诚的分享，还是希望能让大家开卷有益。最后，感谢中国轻工业出版社的老朋友们继续支持发酵这个选题，谢谢我们的设计师朋友吴纳细致耐心的工作；与坐忘同行的秘境风云之旅和农民种子网络的金沙江之行，打开云南食物的多样维度；采风路上相遇的"酵友"们的帮助与交流，让发酵的能量不断传递；谢谢家人们的理解，以及猫队友小九采风路上的相伴。

发酵是手工的技艺，更是生活的创造性，回想每一次在现场看手艺人沉浸在自己的世界里发酵制作时，那画面常常令人感动。我们相信，发酵不仅仅是食物本身，它是我们的历史，寄托着身份的认同，也体现着人们的创造力。发酵总是聚集人群，凝聚着欢乐时刻、家庭的记忆，当然也将通往我们的未来。

这是发酵中国系列新的旅程，更是一个有意义的开始。发酵与生活，继续探索……

图书在版编目（CIP）数据

发酵中国 . 云南　贵州 / 马俊丽，刘新征著 . --
北京：中国轻工业出版社，2025.8. -- ISBN 978-7
-5184-5501-0
　　Ⅰ . TS201.3
　　中国国家版本馆 CIP 数据核字第 2025XT8817 号

责任编辑：胡　佳　　　责任终审：许春英　　　　封面设计：尚燕平
版式设计：吴　纳　　　责任校对：朱　慧　朱燕春　责任监印：张京华

出版发行：中国轻工业出版社（北京鲁谷东街 5 号，邮编：100040）
印　　刷：北京博海升彩色印刷有限公司
经　　销：各地新华书店
版　　次：2025 年 8 月第 1 版第 1 次印刷
开　　本：710×1000　1/16　印张：14.5
字　　数：250 千字
书　　号：ISBN 978-7-5184-5501-0　定价：78.00 元
邮购电话：010-85119873
发行电话：010-85119832　010-85119912
网　　址：http://www.chlip.com.cn
Email：club@chlip.com.cn
版权所有　侵权必究
如发现图书残缺请与我社邮购联系调换
240919S1X101ZBW